essentials

essentials liefern aktuelles Wissen in konzentrierter Form. Die Essenz dessen, worauf es als „State-of-the-Art" in der gegenwärtigen Fachdiskussion oder in der Praxis ankommt. *essentials* informieren schnell, unkompliziert und verständlich

- als Einführung in ein aktuelles Thema aus Ihrem Fachgebiet
- als Einstieg in ein für Sie noch unbekanntes Themenfeld
- als Einblick, um zum Thema mitreden zu können

Die Bücher in elektronischer und gedruckter Form bringen das Fachwissen von Springerautor*innen kompakt zur Darstellung. Sie sind besonders für die Nutzung als eBook auf Tablet-PCs, eBook-Readern und Smartphones geeignet. *essentials* sind Wissensbausteine aus den Wirtschafts-, Sozial- und Geisteswissenschaften, aus Technik und Naturwissenschaften sowie aus Medizin, Psychologie und Gesundheitsberufen. Von renommierten Autor*innen aller Springer-Verlagsmarken.

Martin Janßen

Mathematische Modellierung

Wie funktioniert sie und was kann sie?

Martin Janßen
Krefeld, Deutschland

ISSN 2197-6708   ISSN 2197-6716   (electronic)
essentials
ISBN 978-3-662-65761-4   ISBN 978-3-662-65762-1   (eBook)
https://doi.org/10.1007/978-3-662-65762-1

Die Deutsche Nationalbibliothek verzeichnet diese Publikation in der Deutschen Nationalbibliografie; detaillierte bibliografische Daten sind im Internet über http://dnb.d-nb.de abrufbar.

Planung/Lektorat: Christian Gaß
Springer Spektrum ist ein Imprint der eingetragenen Gesellschaft Springer-Verlag GmbH, DE und ist ein Teil von Springer Nature.
Die Anschrift der Gesellschaft ist: Heidelberger Platz 3, 14197 Berlin, Germany

Was Sie in diesem *essential* finden können

- Mathematische Modellierung wird als erlernbare Kulturtechnik vorgestellt.
- Das Auffinden relevanter Variablen und kleinschrittiger Regeln sowie das Lösen und Testen werden an Beispielen eingeübt.
- Es werden prototypische Modelle vorgestellt, die weite Anwendungsbereiche haben.
- Die Rolle von Auflösungsgrenze und Fehlertoleranz werden für eine Klassifizierung und Verzweigung in vernetzte Modellsysteme diskutiert.
- Zur gesellschaftlichen Relevanz Mathematischer Modellierung werden Diskussionsbeiträge geliefert.

Vorwort

Mathematische Modellierung ist nicht gerade ein Thema, mit dem man in launiger Gesellschaft punkten kann. Aber es betrifft zunehmend jede und jeden von uns. Denn auf der Grundlage von Szenarien, die mit mathematischen Modellen entwickelt wurden, werden zum Teil weitreichende und/oder einschneidende Entscheidungen getroffen. Mir ging es deshalb beim Schreiben dieses Buches darum, möglichst allgemeinverständlich in das Thema einzuführen und einen Überblick über Funktionsweise und Leistungsvermögen von mathematischer Modellierung zu geben. In einem früheren Fachbuch (Janßen 2016) habe ich die Grundzüge mathematischer Modellierung für Studierende der Physik in fortgeschrittenen Jahren beschrieben und es seit dem als Mangel empfunden, dass es meines Wissens kein Buch gibt, dass sich an ein Publikum wendet, das keine universitäre Mathematikausbildung genossen hat und nur über Kenntnisse der Mathematik aus der Schule verfügt. Aus dem Wissen um die Alltagsrelevanz von mathematischer Modellierung und dem vermuteten Mangel an Büchern für ein breites Publikum dazu entstand der Wunsch, den vorliegenden Beitrag in der Reihe Springer *essentials* zu verfassen.

Martin Janßen

Literatur

Janßen 2016: Martin Janßen, Generated Dynamics of Markov and Quantum Processes, Springer, Berlin, 2016

Inhaltsverzeichnis

Abbildungsverzeichnis

Einleitung 1

Mathematische Modellierung ist spätestens durch Vorhersagen des von Menschen verursachten Klimawandel (z. B. Hasselmann 1999) sowie für Szenarien der Sars-Cov-2-Pandemie (z. B. Müller et al. 2022) in der öffentlichen Aufmerksamkeit angekommen. Der vorliegende Beitrag beleuchtet die folgenden Aspekte der mathematischen Modellierung.

- Mathematische Modellierung geht in zunehmendem Maße in alltägliche Entscheidungen ein.
- Ein Verständnis der Funktionsweise von mathematischer Modellierung und ihrer Reichweite ist im Rahmen einer Allgemeinbildung auch ohne mathematische Spezialkenntnisse wünschenswert.
- Eine mathematische Modellierung erfordert zwei Schritte. Erstens müssen die „Stellschrauben" (fachsprachlich: die *relevanten Variablen* und *die Parameter*) eines Vorgangs identifiziert werden, und dann muss zweitens eine *kleinschrittige Regel* für ihre Veränderung herausgefunden werden.
- Dabei muss man auf *Verzweigungen* achten. Selbst bei einer kleinschrittigen Regel können Situationen auftreten, wo es zwei oder mehrere nahezu gleichberechtigte, aber verschiedene Möglichkeiten der Fortsetzung gibt; ähnlich einer Weggabelung oder eben einer Verzweigung an einem Baumast. Diese Verzweigungen machen häufig einen *stochastischen Zugang* sinnvoller, der die Alternativen der Fortsetzung mit *Wahrscheinlichkeiten* beschreibt. Gibt es jeweils nur einen Weg der Fortsetzung, ist die zugehörige Wahrscheinlichkeit 100 % und man benötigt keinen stochastischen Zugang. Man sagt dann, das Modell sei vollkommen *deterministisch*.

© Der/die Autor(en), exklusiv lizenziert an Springer-Verlag GmbH, DE, ein Teil von Springer Nature 2022
M. Janßen, *Mathematische Modellierung*, essentials,
https://doi.org/10.1007/978-3-662-65762-1_1

- Verzweigungen können in der Folge zu *qualitativ ganz unterschiedlichem Verhalten* führen. Eine schnell gedrehte Münze auf einem Tisch hat zwei mögliche und deutlich unterscheidbare Ruhepositionen am Ende, Kopf oder Zahl. Aufgrund winziger Unsicherheiten in den Kenntnissen über den Bewegungsablauf ist eine genaue Vorhersage in der Regel unmöglich. Ein auf die Spitze gestellter Bleistift fällt aus analogen Gründen in nicht vorhersagbarer Weise in eine Richtung. Jeder von uns kennt plötzlich eintretende Stimmungswechsel, die von äußeren oder inneren eintretenden Bedingungen ausgelöst werden können. So sind es solche Verzweigungen, die aus einem Modell viele Teilmodelle werden lassen, die sich dann wieder gesondert behandeln lassen. Zwei Teilmodelle stehen über die Verzweigungen miteinander und mit dem übergeordneten Modell in einer vernetzten Beziehung. Verzweigungen ordnen Modelle damit zu *vernetzten Modellsystemen.*

- Es kann davon ausgegangen werden, dass letztlich alle Vorgänge, die natürlichen und die von Menschen erzeugten und sogar psychologische und soziale Vorgänge ausnahmslos einer mathematischen Modellierung und damit auch einer Manipulierung zugänglich sind. Allerdings wird die Treffsicherheit einer Modellierung durch eine gewisse *Auflösungsgrenze mit einhergehender Unsicherheit* in den berechneten Größen eingeschränkt. Die Auflösungsgrenze ist von der Aufgabenstellung bestimmt. Die nicht verbesserbare Unsicherheit ist dann dafür verantwortlich, dass wir in einem Modell mit Verzweigungen rechnen müssen, bei denen wir nicht mehr exakt vorhersagen können, welcher Weg eingeschlagen wird.

Wenn bei Wettervorhersagen oder Prognosen für das Klima oder den Verlauf einer Pandemie von Rechenmodellen oder Computerberechnungen die Rede ist, sollten wir nicht an undurchschaubare und nur Eingeweihten zugängliche Verfahren denken, sondern eher an das Zubereiten eines schmackhaften Essens oder den Zusammenbau eines Möbelstückes mit geeignetem Werkzeug. In allen drei Fällen geht es um erlernbare Kulturtechniken zur Lösung konkreter Aufgabenstellungen. Das vorliegende Buch möchte diese erlernbare Kulturtechnik der mathematischen Modellierung in ihren wesentlichen Zügen an Hand vieler Beispiele so weit erläutern, dass sie nicht mehr geheimnisvoll und unzugänglich erscheint. Dabei werden wir bei der mathematischen Sprache nur an Kenntnisse aus der Schule anknüpfen. Die Verwendung von Formelsprache tritt immer hinter eine möglichst allgemein verständliche Sprache zurück und ergänzt diese als Kurzform.

Wenn wir aus der Sicht der Physik in die Welt der mathematischen Modellierung eintauchen, erfahren wir, dass die Welt um uns herum evolutionär und baumartig vernetzt zu sein scheint. Es stellt sich dann eine Frage von philosophischer und politischer Dimension: Ist es immer möglich, eine Modellierung für ein anstehendes Problem mit hoher Treffsicherheit zu finden? Und wenn das bejaht werden könnte, können wir durch sukzessive Verfeinerung unserer Modelle eine Fehlertoleranz von nahezu Null erreichen? Das würde letztlich eine perfekte Kontrolle über jedes Menschen Zukunft durch mathematische Modellierung bedeuten.

Wir werden im Verlaufe des Beitrags Argumente kennen lernen, die die erste Frage weitgehend bejahen und sogar den Einsatz künstlicher Intelligenz zur Nutzung von Modellierung als wahrscheinlich erscheinen lassen. Andererseits werden wir erfahren, dass eine beliebig kleine Fehlertoleranz ein unerreichbares Ziel ist, da jede Aufgabenstellung eine ihr innewohnende endliche Auflösungsgrenze mit sich bringt. Insofern können viele Vorgänge sehr genau über bestimmte Zeitdauern prognostiziert werden, aber auf längere Sicht bleibt die Zukunft offen, weil sich verzweigende Möglichkeiten einstellen, die nur noch eine Zeit lang mit Wahrscheinlichkeiten prognostiziert werden können. Diese Zeiten können bei Vorgängen wie dem Wetter einer Stadt einige Tage (siehe etwa DWD 2022) betragen oder einige Milliarden Jahre wie bei den Lebenszyklen von Sternen (siehe etwa MPI Radioastronomie 2022).

Im Kap. 2 werden wir das Auffinden, Lösen und Testen exemplarisch an einem einfachen Modell beschreiben. Beim Auffinden wenden wir bereits die oben genannten zwei Schritte an: Auffinden relevanter Variablen und einer kleinschrittigen Regel. Beim Lösen von mathematischen Modellen kommen nach einer qualitativen Analyse vorwiegend zwei Verfahren und Kombinationen davon zum Einsatz. Ausgehend von einer Ausgangssituation berechnet man an Hand der kleinschrittigen Regel dank hoher Kapazitäten heutiger elektronischer Rechner den weiteren Verlauf direkt Schritt für Schritt aus der Anfangssituation heraus oder man entwickelt zunächst formale Lösungen, die dann effektive und schnell berechenbare Lösungen erlauben im Rahmen einer bestimmten Fehlertoleranz. Beim Testen von Modellen schaut man sich möglichst qualitativ sehr unterschiedliche Situationen an, von denen man die Ergebnisse schon kennt und schaut nach, ob das Modell diese Ergebnisse reproduziert. Besonders aussagekräftig ist ein Test dann, wenn man zusätzlich das Modell rückwirkend auf eine früher vorliegende Ausgangssituation anwendet, bei der man den gesamten Verlauf bis heute bereits kennt. Erlaubt das Modell, diesen Vorgang auch innerhalb der zulässigen Fehlertoleranz nachzubilden, dann hat das Modell einen wichtigen Vertrauenstest bestanden.

Im Kap. 3 stellen wir eine Reihe prototypischer Modelle vor, die alle durch sehr plausible kleinschrittige Regeln ausgezeichnet sind. Sie decken eine Reihe von allgemeinen Phänomenen ab, die man immer wieder in Natur und Technik antrifft. Viele komplexere Modelle nehmen immer wieder Anleihen bei diesen einfachen Modellen.

Im Kap. 4 gehen wir näher auf die Rolle der Auflösungsgrenze und Fehlertoleranz eines Modells ein und legen ein Augenmerk darauf, Modelle qualitativ zu unterscheiden. Es gibt sogenannte *deterministische* Modelle, bei denen die gesuchten Eigenschaften zu jedem Zeitpunkt als Zahlenwerte mit Einheiten vorhergesagt werden und es gibt sogenannte *stochastische* Modelle, bei denen die Zahlenwerte nur mit *Wahrscheinlichkeiten* prognostiziert werden können. Es gibt Vorgänge, die wie bei einer Pendeluhr oder bei den Umläufen der Planeten um die Sonnen mit einer zeitlichen Regelmäßigkeit *(Periode)* verlaufen, und die deshalb bei einem rückwärts ablaufendem Film nicht von der wirklichen Bewegung unterschieden werden könnten. Es gibt aber viel mehr Vorgänge wie das Fallen einer Turmspringerin ins Schwimmbecken, die von sich aus nur in einer bestimmten zeitlichen Reihenfolge ablaufen und bei einem rückwärts ablaufendem Film zur Erheiterung der Zuschauenden beitragen.

Im Kap. 5 nutzen wir das bis dahin Erarbeitete und fokussieren auf das Verzweigen von Modellen und können damit nachvollziehen, dass unsere Welt nicht durch ein „Modell von Allem" beschreibbar ist, sondern eher durch einen Baum von Modellen, wie sich das durch Einteilungen in Fachgebiete wie z. B. Elementarteilchenphysik, Chemie, Biologie, Ingenieurwissenschaften, Medizin, Psychologie und Soziologie auch widerspiegelt.

In allen Kapiteln werden konkrete Beispiele mathematischer Modellierungen herangezogen, wovon hier einige Aufgabenstellungen genannt sind: Wachstum, Zerfall und Schwingungen, Diffusion, Epidemien und die Interferenz von Licht.

Literatur

Hasselmann 1999: K Hasselmann, Modellierung natürlicher und anthropogener Klimaänderungen, 1999

Müller et al. 2022: Müller, Sebastian Alexander; Charlton, William; Conrad, Natasa Djurdjevac; Ewert, Ricardo; Paltra, Sydney; Rakow, Christian; Rehmann, Jakob; Conrad, Tim; Schütte, Christof; Nagel, Kai, MODUS-COVID Bericht vom 22.03.2022, 2022, https://depositonce.tu-berlin.de/handle/11303/16570. Zugegriffen 12. April 2022

DWD 2022: Deutscher Wetterdienst, Numerische Vorhersagemodelle, 2022, https://www.dwd.de/DE/forschung/wettervorhersage/num_modellierung/01_num_vorhersagemodelle/numerischevorhersagemodelle_node.html. Zugegriffen 12. April 2022

MPI Radioastronomie 2022: Max Planck Institut für Radioastronomie, Das Leben der Sterne, 2022, https://www.mpifr-bonn.mpg.de/607428/stern. Zugegriffen 12. April 2022

Aufstellen, Lösen und Testen eines Preismodells

2

Wir fangen mit einem Alltagsbeispiel an, das jeder kennt: Sie kaufen von einem Produkt mit festem Stückpreis, sagen wir 2,50 €, mehrere Stücke ein. Sie wollen den Gesamtpreis prognostizieren, den sie an der Kasse zahlen müssen.

2.1 Variable und Parameter

Was ist die relevante „Stellschraube"? Das ist offenbar die Stückzahl, die wir mit einem Buchstaben x als Platzhalter (fachsprachlich *Variable*) bezeichnen wollen. Daneben könnte sich der Stückpreis von Produkt zu Produkt ändern. Für unser angedachtes Produkt liegt er aber fest bei 2,50 €. Solche Variablen, die sich in erweiterten Zusammenhängen ändern ließen, aber im konkreten Modell einen festen Wert haben, nennt man fachsprachlich *Parameter*. Wir halten also fest: In unserem Alltagsbeispiel ist die Stückzahl die relevante Variable, der Stückpreis ein Parameter mit festem Wert von 2,50 €. Die angestrebte Zielgröße ist bei uns der Gesamtpreis zur Stückzahl x. Wir nennen sie $y(x)$, was gelesen wird als „y zum Wert x" oder „y von x" oder als „y an der Stelle x". Eine solche eindeutige Zuordnung von einer Variablen x zu einer Zielgröße y nennt man fachsprachlich eine *Funktion* $y(x)$. Die Funktion $y(x)$ ist damit die zu prognostizierende Zielgröße unseres Alltagsproblems. Vielleicht haben sie schon sofort gesehen, wie die Zielfunktion lautet, aber lassen sie uns aus systematischen Gründen eine allgemeine Vorgehensweise bei Modellerstellungen verfolgen, die darin besteht, eine kleinschrittige Regel zu erkennen.

© Der/die Autor(en), exklusiv lizenziert an Springer-Verlag GmbH, DE, ein Teil von Springer Nature 2022
M. Janßen, *Mathematische Modellierung*, essentials,
https://doi.org/10.1007/978-3-662-65762-1_2

2.2   Kleinschrittige Regel

Der kleinste Schritt in unserem Modell besteht darin, die Stückzahl um ein Stück zu erhöhen. Dann erhöht sich der Preis jeweils um den Stückpreis. Das ist die kleinschrittige Regel zu unserem Alltagsproblem. In Formeln ausgedrückt lautet sie:

$$y(x + 1) = y(x) + 2{,}5.$$

Diese Regel könnten wir nun einem Computer übergeben und ihn bei $x = 0$ starten lassen. Da wissen wir, dass es nichts kostet, also $y(0) = 0$ ist. Der Computer rechnet dann schrittweise und findet $y(1) = 2{,}5$; $y(2) = 5$ und so weiter. Wir lassen ihn stoppen, wenn wir die Stückzahl erreicht haben, die uns besonders interessiert.

Im Wesentlichen verlaufen sehr sehr viele mathematische Modellierungen nach genau diesem Rezept, nur dass die Variablen schwerer zu identifizieren und vielfältiger sind und dass die kleinschrittige Regel oft schwer mit ausreichender Genauigkeit aufzufinden ist und/oder dass der Aufwand für die Computer einen möglicherweise zu hohen oder zu langwierigen Aufwand bedeutet.

2.3   Formale Lösung

Im obigen Alltagsbeispiel lässt sich der Aufwand drastisch reduzieren, wenn man erkennt, dass die kleinschrittige Regel eine *formale Lösung* erlaubt, die in „einem Rutsch" die ganze Funktion $y(x)$ ergibt. Im obigen Beispiel besteht die Lösung darin, zu erkennen, dass mehrfache Addition einer Multiplikation entspricht. Wir können die Lösung angeben als „Gesamtpreis gleich Stückpreis mal Stückzahl",

$$y(x) = 2{,}5 \cdot x.$$

Nach den Rechenregeln der Klammerrechnung kann man damit zeigen, dass diese Funktion erstens die Anfangsbedingung $y(0) = 0$ erfüllt und auch die kleinschrittige Regel erfüllt,

$$y(x + 1) = 2{,}5 \cdot (x + 1) = 2{,}5 \cdot x + 2{,}5 = y(x) + 2{,}5.$$

Damit wissen wir, dass das die gesuchte Lösung ist. Für jeden Wert x können wir nun mit einer Multiplikation durch uns oder einen Computer den Preis vorhersagen, als 2,50 € mal der Stückzahl. Natürlich wussten sie das schon, weil es sich ja um ein altbekanntes Alltagsproblem handelt. Es ging hier aber darum, zu demonstrieren, wie mathematische Modellierung systematisch erfolgen kann und das funktioniert auch bei dem Alltagsbeispiel. Wir haben somit ein Modell für den Gesamtpreis *(Gesamtpreismodell A)*, aufgestellt und gelöst.

2.4 Verallgemeinerung und Testung

Wir können das Modell sogar leicht verallgemeinern, indem wir den Stückpreis selber als veränderlichen Parameter s auffassen und unsere Lösungsgleichung „Gesamtpreis ist Stückpreis mal Stückzahl" als *Gesamtpreismodell B* mit Lösung $y_s(x) = s \cdot x$ aufschreiben. Wie steht es mit dem Testen? Bei diesem einfachen Alltagsbeispiel ist bekannt, dass sich die Lösung für den Gesamtpreis als Stückpreis mal Stückzahl vielfach beim Einkaufen bewährt hat – es sei denn, der Preis für neu hinzukommende Stücke variiert mit der Anzahl x. Das kommt z. B. bei Preisnachlässen für Einkäufe größerer Stückzahlen vor.

2.5 Verzweigung – deterministisch – stochastisch

Zum Beispiel könnte die kleinschrittige Regel lauten: Der Stückpreis ist 2,50 €, solange die Anzahl höchstens 20 ist. Darüber hinaus sinkt er auf 2,00 € für jedes hinzukommende Stück. Ab $x = 20$ gilt dann eine neue Regel: $y(x + 1) = y(x) + 2$ für $x \geq 20$. Die Lösung für die nun aus zwei Teilen zusammengesetzte kleinschrittige Regel lautet: $y(x) = 2{,}5 \cdot x$ für $x \leq 20$ und $y(x) = 2 \cdot x + 10$ für $x \geq 20$, wobei beide Gleichungen bei $x = 20$ das gleiche Resultat liefern sollen, nämlich $y(20) = 50$. Die Lösungen dieses *Gesamtpreismodells C* kann man als Funktionsgraphen in einem x-y-Diagramm wie in Abb. 2.1 darstellen.

Beim Testen können sich also Notwendigkeiten für Anpassungen an die Realität ergeben. Wir sehen in Abb. 2.1 auch ein einfaches Beispiel für eine *Verzweigung*. So könnte es sein, dass die meisten Filialen des Warenhauses das Produkt ohne Preisnachlass verkaufen und nur zum Beispiel 10 % ausgewählte Filialen den Preisnachlass gewähren. Dann gibt es ab der Stückzahl 20 eine *Verzweigung*. Kennt man die Filiale und ihre Preisgestaltung, so folgt man dem entsprechenden Zweig auf eine eindeutige Weise und der andre Zweig ist ungültig für die jeweilige Filiale. Wir haben dann ein *deterministisches* Modell mit Verzweigung.

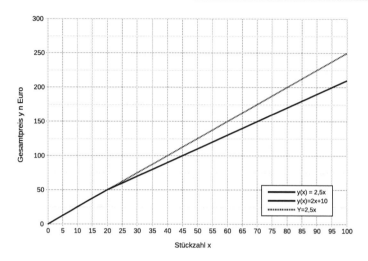

Abb. 2.1 Gesamtpreis als Funktion der Stückzahl im Gesamtpreismodell C. Die durchgezogene Linie stellt den Verlauf des Gesamtpreises bei gewährtem Preisnachlass dar und die gestrichelte Linie deutet den Gesamtpreisverlauf ohne Preisnachlass an. Beide Linien verzweigen ab der Stückzahl x = 20

Wenn man eine statistische Erhebung über die Preisgestaltung vieler Filialen anstellt, so kann man eine Prognose mithilfe einer Gewichtung mit *Wahrscheinlichkeiten* machen, die insgesamt 100 % ergeben. Da nur in 10 % der Filialen der Preisnachlass gewährt wird und in 90 % der Filialen nicht, so ergibt sich der *Mittelwert des Gesamtpreises* über alle Filialen, indem man den normalen Preis zu 90 % gewichtet und den reduzierten Preis zu 10 % gewichtet,

$$y(x) = 0{,}9 \cdot (2{,}5 \cdot x) + 0{,}1 \cdot (2 \cdot x + 10) = 2{,}45 \cdot x + 1 \text{ für } x \geq 20.$$

Der gleiche rechnerische Ausdruck ergibt sich auch, wenn man den *Erwartungswert des Gesamtpreises* für eine zufällig ausgewählte Filiale berechnet, denn dann kennt man die genaue Preisgestaltung aufgrund der Unkenntnis der vorliegenden Filiale nicht und man wird für den Erwartungswert genau die Gewichtung mit 90 % und 10 % durchführen. In diesem Fall wird man bei jeder einzelnen Filiale mit festgelegter Preisgestaltung tatsächlich falsch liegen, aber der Erwartungswert wird mit dem Durchschnittswert über viele zufällig ausgewählte Filialen immer besser übereinstimmen. Bei einer solchen statistischen Herangehensweise haben wir ein *stochastisches Modell* mit Verzweigung.

Ein Potpourri an Modellen

In den nachfolgenden Abschnitten stellen wir eine ganze Reihe unterschiedlicher Modelle vor, die sich für eine sehr große Vielzahl an quantitativen Anwendungen in unterschiedlichsten Wissenschaften (Physik, Chemie, Biologie, Wirtschaftswissenschaft, Ingenieurwissenschaften, Psychologie u. a.) bewährt haben und denen allen jeweils eine relativ anschauliche kleinschrittige Regel zugrunde liegt. Das Modell der Vertauschungsdynamik fällt dabei etwas heraus, weil es wenig unmittelbare praktische Anwendungen dafür gibt. Es ist aber besonders einfach und es gibt gute Gründe anzunehmen, dass es in einer Hierarchie von Modellen als Basismodell aller anderen herangezogen werden könnte.

Wir werden im Folgenden die Variablen x als Funktionen der fortschreitenden Zeit t betrachten und eine kleinschrittige Regel ist dann für die Änderungsrate während eines möglichst kleinen Zeitschrittes s von t nach $t + s$ gesucht. Als Beispiel für eine Änderungsrate stellen sie sich die Geschwindigkeit eines Fahrzeuges vor, die das Verhältnis der zurückgelegten Wegstrecke zur dafür benötigten Zeit angibt, $\frac{x(t+s)-x(t)}{s}$. Dieser Unterschied der Variablen während eines Zeitschrittes geteilt durch die Zeitschrittweite wird häufig unabhängig von der genauen Schrittweite, sobald die Schrittweite in die Nähe der zeitlichen Auflösungsgrenze der Fragestellung kommt. In dem Fall kann man die Änderungsrate durch das mathematische Konstrukt der Ableitung $\dot{x}(t)$ der Funktion $x(t)$ ersetzen und schreibt: $\frac{x(t+s)-x(t)}{s} = \dot{x}(t)$ für $s \to 0$.

Die zeitliche Ableitung $\dot{x}(t)$ einer Funktion $x(t)$ gibt also eine *momentane* Änderungsrate bei sehr feiner Zeitauflösung. Seit dem 17. Jahrhundert kennt man für viele mathematische Modellfunktionen ihre Ableitungen und daher sind viele mathematische Modelle über Regeln für die momentanen Änderungsraten der relevanten Variablen definiert. Fachsprachlich spricht man von *Differentialgleichungen*. Aus später aufzugreifenden Gründen zieht man für

M. Janßen, *Mathematische Modellierung*, essentials, https://doi.org/10.1007/978-3-662-65762-1_3

die kleinschrittige Regel auch sehr häufig die *Änderungsrate der Änderungs-rate* $\ddot{x}(t) = \frac{\dot{x}(t+s)-\dot{x}(t)}{s}$ für $s \to 0$ heran. Als Beispiel für eine solche Änderungs-rate zweiter Ordnung stellen sie sich die Beschleunigung eines Fahrzeuges vor, die das Verhältnis der zugenommenen Geschwindigkeit zu der dafür benötigten Zeit angibt. Im Folgenden werden wir die kleinschrittigen Regeln für bestimmte Fragestellungen in der Regel als Gleichungen für diese Änderungsraten $\dot{x}(t)$ und $\ddot{x}(t)$ aufstellen, um unter Nutzung des *Sparsamkeitsprinzips*, möglichst einfache, aber gerade noch passende Regeln zu finden.

3.1   Wachstum und Zerfall

Wenn ein über lange Zeit t unbegrenztes Wachstum für eine Anzahl $x(t)$ vorliegt, dann hat man sehr häufig die kleinschrittige (in diesem Fall momentane) Regel:

Je größer die Anzahl ist, desto größer ist auch ihre zunehmende Änderungs-rate.

Bei unbegrenztem Populationswachstum, wie z. B. beim Bevölkerungs-wachstum oder bei der Bakterienvermehrung oder der Algenvermehrung oder der Seerosenausbreitung ist diese Regel plausibel, denn je mehr Beteiligte an der Ver-mehrung bereits da sind, desto größer wird auch die Zunahme pro Zeitschritt sein.

Im Falle einer über lange Zeit t ungehinderten Abnahme für eine Anzahl $x(t)$ hat man sehr häufig die gleiche Regel:

Je größer die Anzahl ist, desto größer ist auch ihre abnehmende Änderungs-rate.

Bei ungehindertem Populationsabfall, wie z. B. beim radioaktiven Zerfall von Atomkernen oder beim Medikamentenabbau im Blut oder einem sich ent-ladenden Kondensator (die Anzahl an Ladungen baut sich dabei ab) oder bei der Abnahme der Temperatur einer heißen Kaffeetasse in einem größeren kühlen Raum (die Anzahl schneller molekularer Bewegungen baut sich dabei ab) ist diese Regel ebenfalls plausibel, denn je mehr Beteiligte von der Abnahme betroffen sind, desto stärker wird auch die Abnahme pro Zeitschritt sein.

Mit Hilfe der modernen Mathematik lässt sich diese plausible Regel sofort in eine einfache und lösbare Differentialgleichung für die Funktion $x(t)$ übersetzen. Wir nehmen vereinfachend an, dass „je größer desto" eine direkte Proportionali-tät bedeutet mit einem Proportionalitätsfaktor r, der positiv im Falle der Zunahme und negativ im Falle der Abnahme ist, $\dot{x}(t) = r \cdot x(t)$.

Der Proportionalitätsfaktor r ist daher ein wichtiger Parameter der Modellierung. Man ermittelt ihn für ein konkretes Modell der Zu- oder Abnahme aus der Proportionalität von bereits vorliegenden Daten zu Anzahl und

Änderungsrate über kurze Zeiträume. Dabei wird man bereits sehen, dass diese Proportionalität selten exakt vorliegt, aber oft näherungsweise bei Vorgabe einer gewissen Fehlertoleranz.

Die allgemeine Lösung der obigen Differentialgleichung, von der man sich mit den Kenntnissen der Ableitungsregel für natürliche Exponentialfunktionen überzeugen kann, lautet $x(t) = x_0 \cdot e^{r \cdot t}$, wobei x_0 der Wert der Population am Anfang ($t = 0$) der Zu- bzw. Abnahme ist und die Zeit t zusammen mit dem Parameter r im Exponenten der Basiszahl e auftritt (Die Eulersche Zahl ist auf 4 Ziffern genau $e = 2,718$.). Nach einem Zeitschritt $1/|r|$ hat sich die Anzahl fast verdreifacht bzw. gedrittelt ($\cdot 2,718$ bzw. $1/2,718$) gegenüber dem Wert vor diesem Zeitschritt. Das ist die Bedeutung des Proportionalitätsfaktors r für die zeitliche Entwicklung: Der Kehrwert seines Betrages ist eine für den Vorgang charakteristische Zeitdauer, über der sich die Anzahl jedes mal wesentlich verändert.

Als Anwendungsbeispiel ziehen wir die Bevölkerungsentwicklung in Afrika in den Jahren 1950–2020 heran. Die Daten dazu sind den Bevölkerungsdaten der UN entnommen (UN 2022). In Abb. 3.1 sind solche Daten für einen Zeitraum von 15 Jahren dargestellt. In diesem Zeitraum war das Bevölkerungswachstum exponentiell mit einer Wachstumsrate von ca. 2,8 % pro Jahr mit nur wenig

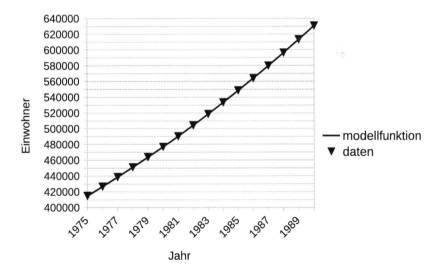

Abb. 3.1 Bevölkerungsentwicklung in Afrika von 1975 bis 1990. Die Dreiecke stellen die erhobenen Daten dar. Die durchgezogene Linie stellt die Modellfunktion mit r = 0,02795 dar. Das entspricht einer Zeitdauer für eine Verdoppelung der Einwohner von ca. 25 Jahren

Schwankungen. Daher liefert eine Modellfunktion unseres reinen Wachstums-
modells, das die Einwohnerzahl von 1975 heranzieht und einen Proportionalitätsfaktor $r = 0.02795$ verwendet, eine sehr gute Näherung der erhobenen Daten.
Abweichungen sind innerhalb der Fehlertoleranz der Abb. 3.1 nicht auszumachen.
Nimmt man die selbe Modellfunktion auch für den deutlich größeren Zeitraum
von 1950 bis 2020 (siehe Abb. 3.2), so werden Abweichungen von den erhobenen
Daten deutlicher. Das ist ein Hinweis, dass unsere Modellannahme mit einem
festen Proportionalitätsfaktor, der hier einer Zeit von ca. 25 Jahren für eine Verdoppelung der Einwohnerzahl entspricht, nicht mehr für den größeren Zeitraum
zutrifft. Die Modellfunktion taugt hier bestenfalls als Anzeiger eines Trends,
genügt aber keinen hohen Genauigkeitsanforderung.

Durch Erhebungen von Einflussgrößen auf den Proportionalitätsfaktor r, kann
man dann sogenannte Szenarien für die Weiterentwicklung der Bevölkerung ent-
wickeln. Es ist aber offensichtlich, dass man hierbei zu keiner exakten Prognose
kommen kann, da es zu Einflussgrößen wie z. B. Katastrophen kommen kann,
die nicht vorhersehbar sind. Szenarien zu mathematischen Modellen dienen auch
in anderen Zusammenhängen dazu, Entwicklungen im Voraus zu erfassen, wenn

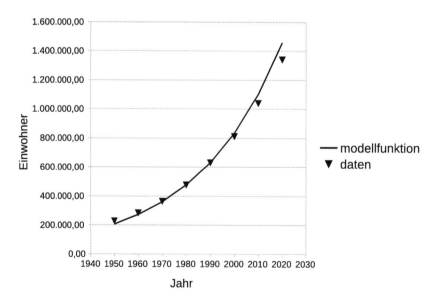

Abb. 3.2 Bevölkerungsentwicklung in Afrika von 1950 bis 2020. Die Dreiecke stellen die
erhobenen Daten dar. Die durchgezogene Linie stellt die Modellfunktion mit $r = 0{,}02795$
dar. Das entspricht einer Zeitdauer für eine Verdoppelung der Einwohner von ca. 25 Jahren

man nachvollziehbare Annahmen über die Einflussgrößen auf die entscheidenden Parameter des Modells macht und darstellt. Damit kann mathematische Modellierung zu einem rationalen Planungsinstrument für Zukunftsentscheidungen werden. Für die Nachvollziehbarkeit ist eine Transparenz über die Modellannahmen und Einflussgrößen unabdingbar.

3.2 Begrenztes Wachstum

Unbegrenztes Wachstum gibt es auf die Dauer nicht, weil irgendwann die Ressourcen dazu aufgebraucht sind oder sich andere Widerstände gegen unbegrenztes Wachstum auftun. Eine einfache Erweiterung unserer kleinschrittigen Regel mit einem zusätzlichen Parameter k, der der Endlichkeit von Ressourcen Rechnung trägt, ist in der sogenannten *logistischen Differentialgleichung* vorgenommen worden, die so interpretiert werden kann:

Die Änderungsrate ist zunächst direkt proportional zur Anzahl x(t) in der Population, aber diese Proportionalität wird mit einem weiteren Faktor multipliziert, der 1 und damit unwirksam ist, solange die Anzahl klein bleibt, aber zu einer Reduktion führt, sobald die Anzahl wächst.

Der Einfachheit halber wird dabei wieder eine einfache Proportionalität für die Abweichung von der 1 angenommen. Die logistische Differentialgleichung wird dabei so aufgeschrieben, dass ein großer Ressourcenfaktor k eine geringe Reduktion liefert, wodurch der Name gerechtfertigt erscheint, $\dot{x}(t) = r \cdot x(t) \cdot \left(1 - \frac{x(t)}{k}\right)$ mit positiven Parametern r und k.

Die rechte Seite der Differentialgleichung stellt eine quadratische Funktion in $x(t)$ dar, wie man sie schon in der Mittelstufe von Schulen behandelt. Ihr Graph ist eine nach unten geöffnete Parabel mit Nullstellen bei $x = 0$ und $x = k$ wie sie in Abb. 3.3 dargestellt ist. Dort ist die Änderungsrate jeweils entsprechend auch Null. Da die Parabel bei $x = k$ einen Vorzeichenwechsel von positiven zu negativen Werten macht, wird die Stelle $x = k$ zu einem stabilen Wert (*stabiler Fixpunkt*) der zeitlichen Entwicklung werden. Denn solange x kleiner bleibt, wächst die Anzahl weiter an, sobald x größer wird, reduziert sie sich absolut. Daher muss die Anzahl langfristig auf $x = k$ zulaufen. Das ist auch tatsächlich der Fall, wenn man die formale Lösung (Nachweis durch Ableiten) der logistischen Differentialgleichung betrachtet, $x(t) = \frac{x_0 \cdot k}{x_0 + (k - x_0)e^{-rt}}$. Sie ist in Abb. 3.4 mit ihrem typisch S-förmigem Verlauf dargestellt, der das begrenzte Wachstum und die Sättigung auf einem festen Wert der Population deutlich widerspiegelt.

Die logistische Differentialgleichung hat weitreichende Anwendungsgebiete, z. B. für die einfache Modellierung einer Infektionskrankheit ohne

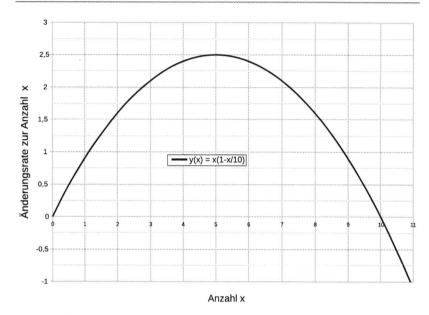

Abb. 3.3 Änderungsrate der logistischen Differentialgleichung. Die Änderungsrate der logistischen Differentialgleichung für r = 1 und k = 10. An der Stelle x = 10 befindet sich der stabile Fixpunkt

Interventionsmaßnahmen bis zur Sättigung der Zahl der Infizierten nach der sogenannten Herdenimmunität, oder dem Wachstum von Bakterien auf einem Nährboden begrenzter Größe, oder dem Lebenszyklus eines Wirtschaftsprodukts von der Einführungsphase bis zur Sättigungsphase im Markt, oder dem Spracherwerb von Menschen (Wikipedia 2020a), oder dem Wandel von Sprachen (Wikipedia 2020b) in der quantitativen Linguistik.

3.3   Schwingungen und Wellen

Ein qualitativ anderes Verhalten als Wachstum und Zerfall tritt bei vielen Phänomenen in Natur und Technik auf: Die Wiederholung bestimmter Werte von veränderlichen Größen in regelmäßigen Zeitabständen. Man spricht hier von Schwingungen und der Zeitabstand einer Wiederholung (Periode) heißt Schwingungsdauer *T*. Umgekehrt kann die zeitliche Periode auch durch die Anzahl der Wiederholungen pro Zeiteinheit (meist pro Sekunde) ausgedrückt

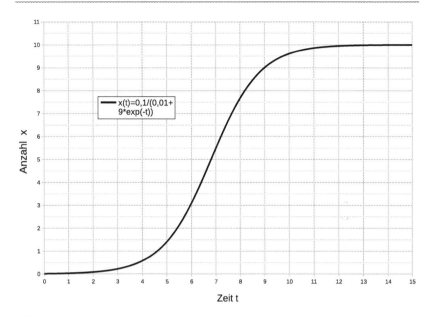

Abb. 3.4 Populationsentwicklung nach der logistischen Differentialgleichung. Die relative Anzahl x einer Population als Funktion der Zeit nach der logistischen Differentialgleichung für $r = 1$, $k = 10$ und einem Anfangswert $x_0 = 0,01$. Die Zeit ist in Einheiten des inversen Proportionalfaktors $1/r = 1$ gemessen

werden. Das ist der Kehrwert der Schwingungsdauer und wird *Frequenz* f genannt, $f = \frac{1}{T}$. Wenn sich Schwingungen räumlich mit einer Ausbreitungsgeschwindigkeit v ausbreiten, so spricht man von Wellen, denn die zeitliche Periodizität überträgt sich dann auch auf eine räumliche Periodizität, die man *Wellenlänge* λ (griechischer Buchstabe, sprich Lambda) nennt. Es gilt in vielen Fällen der naheliegende Zusammenhang, dass die Wellenlänge gleich dem Produkt aus Ausbreitungsgeschwindigkeit mal Schwingungsdauer ist, $\lambda = v \cdot T$.

Wie aber kommen Schwingungen zu Stande? Denken wir an eine Schaukel. Sie hängt zunächst in Ruhe. Lenken wir sie aus der Ruhelage aus, wird sie von der Schwerkraft wieder in Richtung der Ruhelage beschleunigt, überschreitet diese und folgt so weit, bis sie auf der anderen Seite annähernd genauso weit ausgelenkt wird, wie sie vorher ausgelenkt war; dann wiederholt sich der Vorgang mit zurücktreibender Beschleunigung, bis die Schaukel (annähernd) ihre Ausgangsposition bei der Auslenkung erreicht hat und der Schwingvorgang setzt sich fort; idealerweise beliebig lang, faktisch aber nur so lange, bis die Energie der Auslenkung sich durch Kontakt mit der Umgebung (Reibung) völlig und nicht zurückholbar in der Umgebung verteilt hat. In unserer Modellierung wollen wir zunächst alle Reibungseinflüsse vernachlässigen und konzentrieren uns auf die zurücktreibende Beschleunigung. Unsere Auslenkung-Variable nennen wir wieder x. Es könnte eine Länge sein wie beim Pendel in Abb. 3.5 oder die zwangsweise Auslenkung irgendeiner anderen Größe von ihrem stabilen Gleichgewichtswert (zum Beispiel der Luftdruck in einem Blasinstrument oder die elektrische Spannung in einem Piezokristall oder die Botenstoffkonzentration an einer Synapse oder der Marktwert einer Aktie oder der Gemütszustand einer Person oder …). Die zurücktreibende Beschleunigung entspricht in ihrer Stärke der Änderungsrate der Änderungsrate, aber mit einem negativen Vorzeichen. Wir nehmen vereinfachend wieder eine direkte Proportionalität zwischen der zurücktreibenden Beschleunigung und der Auslenkung an:

Je weiter wir aus der Ruhelage lenken, desto stärker wird die zurücktreibende Beschleunigung.

In Formeln lautet diese Differentialgleichung: $\ddot{x}(t) = -k \cdot x(t)$ mit einer positiven Proportionalitätskonstanten k. Das ist die Schwingungs-Differentialgleichung. Wie man durch Ableiten nachprüfen kann, ist eine allgemeine Lösung durch eine harmonische Schwingungsfunktion (Cosinus) gegeben, $x(t) = x_0 \cdot cos\left(\sqrt{k} \cdot t\right)$, wobei x_0 die Auslenkung aus der Ruhelage zu Beginn

Abb. 3.5 Skizze eines Pendels. Das Pendel wird aus seiner Ruhelage bei x = 0 in eine Richtung ausgelenkt und beginnt unter dem Einfluss der zurücktreibenden Erdbeschleunigung zu schwingen

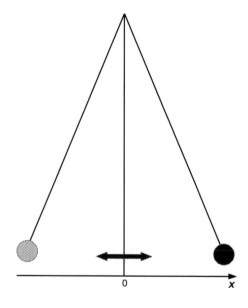

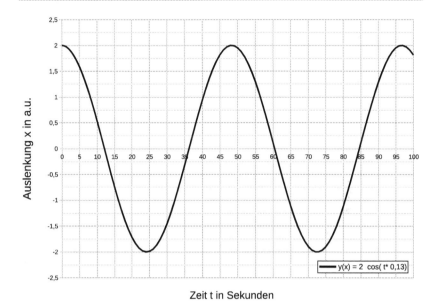

Zeit t in Sekunden

Abb. 3.6 Zeitlicher Verlauf einer Schwingung. Zeitlicher Verlauf einer Auslenkung als Funktion der Zeit in Sekunden. Sie beginnt bei $x_0 = 2$ und hat eine Schwingungsdauer von ca. 48 s für eine Proportionalitätskonstante $k = 0{,}0169$

der Schwingung bei $t = 0$ ist. Ein Verlauf mit zwei vollen Schwingungsperioden ist in Abb. 3.6 dargestellt. Zwischen der Proportionalitätskonstanten k und der Schwingungsdauer besteht die allgemeine Beziehung $T = 2\pi/\sqrt{k}$ mit der Kreiszahl $\pi = 3{,}142$ (auf 4 Ziffern angegeben).

Eine bahnbrechende Entdeckung der Mathematik aus dem frühen 19. Jahrhundert erlaubt es, allgemeinere Schwingungen mit beliebigen wiederkehrenden Mustern als eine summarische Überlagerung (fachsprachlich: Superposition) von den soeben beschriebenen einfachen harmonischen Schwingungen aufzuschlüsseln mit vielen beteiligten Frequenzen und Anfangsauslenkungen. Das Verfahren kann mit elektronischen Rechnern durchgeführt werden oder mit analog operierenden und auf einzelne Frequenzen selektierenden Messinstrumenten. Dieses in der Datenanalyse enorm mächtige Instrument wird als Spektralanalyse oder Spektrometrie bezeichnet. Dass ein zu Schwingungen fähiges System auf ein anderes selektiv auf seine Frequenz reagieren kann, kennen sie alle vom Anschieben einer Schaukel: Nur wenn sie die Schaukel in einer zur Schaukelfrequenz passenden Frequenz der Stöße anschieben, kann sich die Schaukel aufschaukeln; bei stark abweichenden Frequenzen bleibt sie ganz nahe ihrer Ruhelage. Dieses in der Natur weit verbreitete Phänomen wird als *Resonanz* beschrieben.

Resonanz kann mit einer Differentialgleichung beschrieben werden, die nur etwas aufwendiger ist, als die hier diskutierte Schwingungs-Differentialgleichung. Es gehört zur Hochschulausbildung in technisch mathematischen Fächern und kann bei (Wikipedia 2022a) nachvollzogen werden. Resonanz ist verantwortlich für die evolutive Gestaltung beispielsweise unserer Augen und Ohren. Die Augen sind selektiv auf bestimmte Frequenzen des Lichtes (eine elektromagnetische Welle) und die Ohren sind selektiv auf bestimmte Frequenzen von Druckschwankungen. Außerhalb des selektiven Bereichs (fachsprachlich: *Spektrum*) liegende Frequenzen können wir nicht mit diesen Sinnesorganen wahrnehmen wie z. B. Infraschall und Ultraviolettes Licht. Die Sinnesorgane sind auf ein Spektrum adaptiert, das für das Überleben der Gene angepasst ist. Das Auge zum Beispiel auf das Spektrum, in dem die Sonne besonders aktiv die Erde bescheint und das Ohr zum Beispiel für ein Spektrum von Druckschwankungen, das besonders häufig bei Bewegungen von Feinden und Beutetieren sowie bei für uns bedeutungsvollen Naturbewegungen vorkommt. In der mathematischen Datenanalyse geht man auch selektiv vor und tastet ein Signal mit unterschiedlichen periodischen Rastern ab und gewinnt so die Information über seinen spektralen Gehalt. Die Stärken der Auslenkungen jedes Frequenzanteils des Signals berechnet man danach durch Vergleich mit obigen harmonischen Schwingungen der entsprechenden Frequenz. Schwingungen, Wellen, Superposition und Resonanz sind weit verbreitete Phänomene in Natur und Technik und die zugrundeliegende mathematische Modellierung gehört zum Standard einer Analyse jeglicher Daten mit wiederkehrenden Mustern.

Bisher haben wir die zeitliche Veränderung von einer relevanten Variablen betrachtet. Bei Wellen haben wir es schon mit einer ganzen Ansammlung von Objekten zu tun, die alle schwingen, denn bei Wellen kommt es an jeder Stelle des beteiligten Raumgebietes zu Schwingungen (siehe Abb. 3.7). Weil man die resultierende Wellenlänge über die Ausbreitungsgeschwindigkeit und die Frequenz der einzelnen Schwingungen in Verbindung bringen kann, werden wir Differentialgleichungen von Wellen nicht vertiefen. Nur soviel sei mitgeteilt, dass es eine Reihe von unterschiedlichen Wellengleichungen gibt, je nach dem, welche genaue Beziehung zwischen Wellenlänge und Frequenz für die jeweils sich ausbreitende Größe besteht und ob die Ausbreitungsrichtung mit der Schwingungsrichtung der Größe in einem festen Abhängigkeitsverhältnis steht. Diese jeweiligen Abhängigkeiten bestimmen dann die kleinschrittige Regel

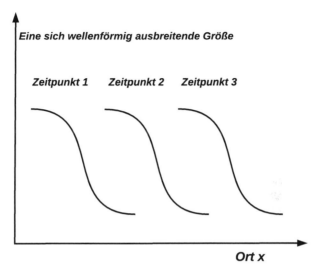

Abb. 3.7 Skizze einer sich wellenförmig ausbreitenden Größe. Eine sich wellenförmig ausbreitende Größe bewegt sich mit einer Ausbreitungsgeschwindigkeit durch den Raum. Dabei kommt es an jedem Ort des Raumes zu Schwingungen der Größe

(Differentialgleichung) im Detail. Wer sich näher damit befassen möchte, sei auf (Leifi 2022a, Leifi 2022b, Leifi 2022c) verwiesen.

3.4 Diffusion

Als letztes prototypisches Beispiel betrachten wir die Diffusion von Anhäufungen von Objekten, die sich einerseits nicht in Nichts auflösen können und andererseits durch regellosen Kontakt mit anderen Objekten nicht an ihrem Ort verharren können; so werden sie unweigerlich auseinandergetrieben und es setzt eine auseinandertreibende Strömung ein. Das Phänomen der Diffusion ist ebenso reichhaltig wie das Phänomen der Wellen und natürlich gibt es Kombinationen davon. Hier beschränken wir uns jetzt auf die reine Diffusion ohne wiederkehrende Muster und versuchen, die zugrunde liegende kleinschrittige Regel dafür herauszuarbeiten. Hierbei lernen wir kennen, dass man bei den Regeln oft feste Bedingungen berücksichtigen muss, die von der Erhaltung bestimmter Größen während des Prozesses stammen. Außerdem sehen wir, dass ein stochastischer Zugang oft für klare Regeln für viele beteiligte Objekte sorgt, wenn man sie als Teil eines Ganzen interpretiert.

Greifen wir zunächst ein Objekt heraus, das zu Beginn am Ort $x = 0$ gewesen sei. Durch kleine Stöße, die es von anderen schnellen Objekten erfährt, wird es mal zur einen, mal zur anderen Seite gestoßen. Wir nehmen an, dass wir nicht in der Lage sind, jeden Stoß im Detail vorhersagen zu können (wie bei einer Münze, die unvorhersehbar vielleicht auf den Kopf oder auf die Zahl fällt). Wenn eine bestimmte Richtung der Stöße nicht ausgezeichnet ist vor der anderen, aber die Stärke der Stöße stets (näherungsweise) gleich ist, dürfen wir annehmen, dass wir einen Zufallsprozess vor uns haben, der der einfachen Regel des Modells einer *Zufallswanderung* entspricht:

In jedem Zeitschritt wird $x(t)$ um eine Einheit (wir wählen sie als 1) erhöht oder erniedrigt.

In Formeln lautet diese kleinschrittige Regel: $x(t + 1) = x(t) + s$, wobei s zufällig $+1$ oder -1 sein kann. Mit einem sogenannten Zufallsgenerator des Computers kann diese Regel dann für beliebige Zeitschritte ausgeführt werden. In Abb. 3.8 ist so eine Modellrechnung für eine Zufallswanderung bis zu 10.000

Abb. 3.8 Die zeitliche Entwicklung der Lage bei einer Zufallswanderung. Eine Zufallswanderung, die bei $x = 0$ startet und bei jedem Zeitschritt zufällig um 1 erhöht oder erniedrigt wird für eine Realisierung von 10.000 Schritten

Schritten ausgeführt worden. Der Zufallswanderer treibt langsam von seiner Ausgangsposition bei $x = 0$ weg, aber auf Grund der ungerichteten Stöße dauert das. Man stellt bei der Datenanalyse fest, dass sich auf lange Sicht die Entfernung vom Ausgangspunkt proportional zur Quadratwurzel der Zahl der Zeitschritte verhält, sich also z. B. bei Vervielfachung der Schrittzahl mit 100 sich die Entfernung nur verzehnfacht. Dieses Verhalten ist signifikant für Diffusion.

Da wir keine Chance haben, ein individuelles Objekt bei der Diffusion vorherzusagen und es uns auch den Blick auf das Ganze verstellen würde (wir würden den Wald vor lauter Bäumen nicht sehen), versuchen wir nun eine kleinschrittige Regel für das Ganze zu finden. Dazu müssen wir uns erst die geeigneten Variablen für das Ganze überlegen. Sie müssen viele Objekte umfassen und die Orte mit beschreiben. Das gelingt sehr gut, wenn man als Variable die *Wahrscheinlichkeitsdichte* $p(x, t)$ als Funktion des Ortes x und der Zeit t wählt. Die Wahrscheinlichkeit, dass man ein Objekt am Ort x innerhalb einer vorher festgelegten Breite dx findet, teilt man durch diese Breite dx; das nennt man die Wahrscheinlichkeitsdichte am Ort x zur Zeit t. Die Breite dx orientiert sich an der zugehörigen Auflösungsgenauigkeit (Fehlertoleranz) von Orten der Objekte. Durch das Auseinandertreiben wird es zu einer Strömung von Wahrscheinlichkeit kommen. Diese Strömung ist die zweite relevante Variable und sie wird als *Wahrscheinlichkeitsstromdichte* $j(x, t)$ erfasst. Nun müssen wir berücksichtigen, dass die Objekte sich nicht in Nichts auflösen können. Das heißt, dass die gesamte Wahrscheinlichkeit, ein Objekt irgendwo zu finden, stets $100\% = 1$ sein muss. Das hat zur Folge, dass die Wahrscheinlichkeitsdichte und die Wahrscheinlichkeitsstromdichte sich nicht völlig unabhängig voneinander verändern können. Eine räumlich gleichmäßige Stromdichte würde die Dichte übrigens nicht ändern können, da in jedes Element der Breite dx genauso viel Wahrscheinlichkeit von der linken Nachbarzelle hineinfließt wie auch wieder an die rechte Nachbarzelle abfließt. Wenn sich also eine zeitliche zunehmende Änderung der Dichte an einem Ort ereignet, dann muss es eine Abnahme der Dichte an benachbarten Orten geben und das hat eine räumliche Änderung der Stromdichte zur Folge. Dieser Zusammenhang wird als *Kontinuitätsgleichung* bezeichnet. Er lautet in Formeln $\partial_t p(x, t) = -\partial_x j(x, t)$, wobei das Symbol ∂ für die Ableitung (Änderungsrate) nach dem entsprechenden Argument wie Zeit t oder Ort x steht. Das Minuszeichen berücksichtigt, dass für eine Zunahme der Dichte an einem Ort weniger an Strömung an die rechte Zelle abfließen darf, als von der linken Nachbarzelle hineinfließt. Die Kontinuitätsgleichung ist zwar eine kleinschrittige Regel, aber sie reicht nicht aus, das zeitliche Verhalten der Dichte alleine zu beschreiben, denn sie stellt nur eine Nebenbedingung dar, die sowieso erfüllt werden muss, aber sie beschreibt noch nicht das charakteristische Verhalten der Strömung bei der Diffusion. Dem wenden wir uns nun zu. Die charakteristische kleinschrittige Regel der Diffusion ist,

Eine die Unterschiede der Dichte ausgleichende Strömung setzt ein, sobald an benachbarten Orten Unterschiede in der Dichte vorliegen.

Vereinfachend nehmen wir wieder eine direkte Proportionalität mit einer positiven Proportionalitätskonstanten D an, die passend Diffusionskonstante heißt.

In Formeln lautet diese Regel (Ficksches Gesetz) $j(x,t) = -D \cdot \partial_x p(x,t)$ mit $D \geq 0$.

Nimmt die Dichte nach rechts hin ab, so setzt an der Stelle eine positive Stromdichte ein, die die Dichte weiter nach rechts treibt und Unterschiede zunehmend ausgleicht, wie es in der Abb. 3.9 zu erkennen ist. Durch

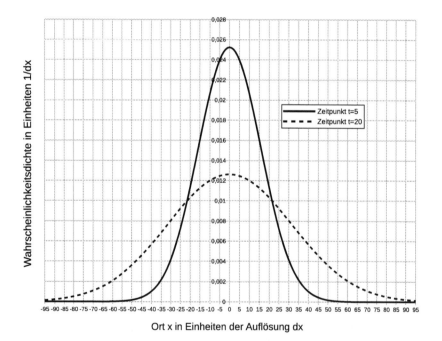

Ort x in Einheiten der Auflösung dx

Abb. 3.9 Die zeitliche Veränderung der Wahrscheinlichkeitsdichte bei der Diffusion. Eine anfänglich bei x = 0 konzentrierte Wahrscheinlichkeitsdichte nach 5 Zeiteinheiten (durchgezogene Linie) und nach 20 Zeiteinheiten (gestrichelte Linie) für eine Diffusionskonstante D = 5 in den angepassten Einheiten des Modells. Räumliche Einheiten sind die Auflösung dx und zeitliche Einheiten sind Zeitschritte in der gewählten Einheit des Modells

Kombination der obigen Regel mit der Kontinuitätsgleichung gewinnt man eine eindeutige Gleichung für die Dichte alleine, die sogenannte Diffusionsgleichung, die in Formeln lautet: $\partial_t p(x,t) = D \cdot \partial_x^2 p(x,t)$, wobei das Symbol ∂_x^2 die zweifache Ableitung nach dem Ort bezeichnet. Die Diffusionsgleichung ist eine sogenannte lineare partielle Differentialgleichung und sie ist seit dem frühen 19. Jahrhundert bestens bekannt und man kann zu jeder Anfangsdichte $p(x,t = 0)$ den zeitlichen Verlauf $p(x,t)$ mit bekannten Mitteln berechnen. In der Abb. 3.9 ist die Lösung für eine bei $x = 0$ konzentrierte Anfangsdichte zu zwei späteren Zeitpunkten dargestellt. Auch hier stellt man fest, dass die Breite der Dichte bei Vervierfachung der Zeitdauer nur doppelt so groß geworden ist wie vor der Vervierfachung. Das ist wieder das signifikante Langzeitverhalten der Diffusion, das schon bei der Zufallswanderung beobachtet werden konnte.

Anwendungsbeispiele für die reine Diffusion gibt es immer dann, wenn es um Ausgleichen von Stoffgemischen unterschiedlicher Konzentration wie bei einem Tintentropfen in Wasser geht, aber auch für den Temperaturausgleich durch Wärmeleitung oder für den Gasaustausch zwischen Lungenbläschen und Blut bei der Lungenatmung oder in technischen Anwendungen wie der chemischen Katalyse oder der Stahlhärtung. Die kleinschrittige Regel des Fickschen Gesetzes zwischen Stromdichte und räumlicher Änderungsrate der Dichte tritt in sehr vielen Transportvorgängen in erweiterten Zusammenhängen auf. Auch in Klima- und Wettermodellen spielen Dichten und Stromdichten als relevante Variablen eine herausragende Rolle und die dort verwendeten Nebenbedingungen (wie z. B. die Erhaltung der Gesamtenergie) und Entwicklungsregeln kann man als Analogien zu den hier vorgestellten Regeln aus Kontinuitätsgleichung und dem Fickschen Gesetz interpretieren. Nur dass man es im Falle des Wetters und des Klimas mit komplexeren Regeln und mit Lösungen zu tun hat, die man nicht mehr geschlossen als Funktionen angeben kann. Man muss zeitlich und vom Speicherbedarf aufwendige Berechnungen durch schrittweises Abarbeiten der Regeln auf großen Datensätzen mit elektronischer Datenverarbeitung durchführen. Auf die Unsicherheit solcher aufwendigeren Berechnungen kommen wir im Kap. 4 zu sprechen.

3.5 Vertauschungsdynamik

Abschließend möchte ich einen Aspekt der Modellierung betrachten, der in der theoretischen Physik zu hause ist: Aus sinnvoll erscheinenden Forderungen werden auf ganz abstrakte Weise die kleinschrittigen Regeln erschlossen, ohne dass dabei an ein unmittelbares Anwendungsbeispiel gedacht wird.

Stellen wir uns auf den sehr allgemeinen und abstrakten Standpunkt, dass alles, was wir an einem Modellsystem für ein natürliches Phänomen als Faktum beschreiben können, eine Sammlung von endlich vielen Eigenschaften mit endlich vielen unterscheidbaren Werten ist, die sich mit der Zeit ändern können. Die Unterscheidbarkeit setzt eine dem Phänomen angepasste Auflösungsgrenze voraus. Unterhalb der Auflösungsgrenze können Werte der Eigenschaft nicht mehr unterschieden werden, so wie bei einem Lineal mit Millimeter-Strichen nur Unterscheidungen auf einen Millimeter Genauigkeit klar erfasst werden können. Dann kann man die Eigenschaften des Systems als eine – möglicherweise sehr lange – endliche Liste von möglichen Werten auffassen. Der Teil der möglichen Werte, der gerade tatsächlich vorliegt, beschreibt dann den aktuellen Zustand des Systems. Es wird damit auch eine – möglicherweise riesige – endliche Menge möglicher *unterscheidbarer Zustände* eines Systems geben, die wir uns durchnummeriert vorstellen können, von 1 bis zu der maximalen Zahl N: $(1,2,3,4,5,6,...,N)$. Wenn nun ein bestimmter Zustand, sagen wir die Nr. 5, gerade am System vorliegt, können wir das durch eine geordnete Liste (Vektor) aus einer Eins an der entsprechenden Stelle und sonst Null darstellen: $(0,0,0,0,1,0,...,0)$. Damit haben wir den Zustand des Systems vollständig digitalisiert.

Nun machen wir zwei Annahmen nach dem Sparsamkeitsprinzip, falls wir das System bestmöglich detailliert digitalisiert haben:

(1) Wir nehmen an, dass das System einer kleinschrittigen Regel genügt, die zu jedem aktuellen Zustand einen eindeutigen Folgezustand erzeugt.

(2) Wir nehmen weiterhin an, dass die kleinschrittige Regel selber nicht von der fortschreitenden Zeit abhängt.

Die Forderungen (1) und (2) lassen folgende Interpretation zu: Das System folgt unabhängig von äußeren Einflüssen und unabhängig von seiner eigenen zurückliegenden Geschichte kausalen Regeln, die nur durch seine inneren Eigenschaften bestimmt sind.

Darüber hinaus kann man noch eine dritte und verschärfende Annahme treffen, die man als Prinzip vom ausreichenden Grunde bezeichnen kann:

(3) Zu jedem aktuellen Zustand soll es einen eindeutigen Vorgängerzustand geben, aus dem sich der aktuelle Zustand nach der kleinschrittigen Regel entwickelt hat. In dem Fall ist die zeitliche Entwicklung *umkehrbar* und das System kann im engeren Sinne als autark und in sich abgeschlossen interpretiert werden.

Machen wir uns am einfachsten denkbaren Beispiel ($N = 2$) klar, wie die kleinschrittigen Regeln dazu lauten können:

$(0,1)$ *geht über in* $(0,1)$*oder in*$(1,0)$.

$(1,0)$ *geht über in* $(0,1)$*oder in*$(1,0)$.

Es kann also vier verschiedene kleinschrittige Regeln geben auf den beiden möglichen Anfangszuständen mit drei qualitativ unterschiedlichen Verläufen: (A) Alles bleibt wie es ist. (B) Die beiden Zustände wechseln sich periodisch ab. (C) Nach kurzer Zeit stellt sich einer der beiden Zustände als stabiler Dauerzustand heraus. (C) erfüllt nicht das Kriterium (3), da aus dem stabilen Dauerzustand nicht auf die vorherigen Zustände zurückgeschlossen werden kann. Der Fall (A) kann auch als Grenzfall eines periodischen Verlaufs mit Periodendauer Null betrachtet werden.

Bei einer Verallgemeinerung auf beliebiges N stellt sich heraus, dass die umkehrbaren kleinschrittigen Regeln neben der Regel „alles bleibt gleich" lediglich eine Vertauschung der Positionen 1 bis N beinhalten können. Die resultierende umkehrbare Dynamik ist dann eine *Vertauschungsdynamik*. Dabei kommt es zu periodischen Vorgängen. Die kürzeste Periode ist Null (alles bleibt gleich) und die längste Periode kann die Länge N haben. Die dieser Dynamik zugrunde liegenden Vertauschungen sind in der Mathematik unter dem Fachbegriff Permutationsgruppe bekannt. Zu jedem Wert von N gibt es $N! = 1 \cdot 2 \cdot 3 \dots \cdot N$ verschiedene Permutationen. Bereits für $N = 15$ ergibt 15! ca. 1,3 Billionen verschiedene Permutationen. Es gibt daher eine unvorstellbar große Menge an möglichen Permutationen, wenn die Zahl N realistisch groß gewählt wird. Eine bestimmte Vertauschung legt nun eine zeitliche Entwicklung des Systems fest und führt (bei großem N) zu einem unüberschaubar reichhaltigen Spektrum an Schwingungsdauern. Man darf aber umgekehrt mutmaßen, dass alle in der Natur auftretende Spektren an Schwingungsdauern durch Modelle mit Vertauschungsdynamik beschrieben werden könnten. Diese Interpretation ist sehr weitreichend und sie ist erstmals nach Kenntnis des Autors von dem Physiker Gerard 't Hooft in seiner Monographie ('t Hooft 2016) ausgiebig dargestellt worden. Wir werden später darauf noch einmal darauf zurückkommen, warum eine Austauschdynamik möglicherweise kein reines abstraktes Gedankenspiel sein könnte.

Literatur

UN 2022: United Nations, World Population Prospects 2019, Online Edition. Rev. 1., 2022, https://population.un.org/wpp/Download/Standard/Population/. Zugegriffen 12. April 2022

Wikipedia 2020a: Wikipedia, Spracherwerbsgesetz, 2020, https://de.wikipedia.org/wiki/Spracherwerbsgesetz. Zugegriffen 12. April 2022

Wikipedia 2020b: Wikipedia, Piotrowski-Gesetz, 2020, https://de.wikipedia.org/wiki/Piotrowski-Gesetz. Zugegriffen 12. April 2022

Wikipedia 2022a: Wikipedia, Erzwungene Schwingung, 2022, https://de.wikipedia.org/wiki/Erzwungene_Schwingung. Zugegriffen 13. April 2022

Leifi 2022a: LEIFIphysik, Mechanische Wellen, 2022, https://www.leifiphysik.de/mechanik/mechanische-wellen. Zugegriffen 15. April 2022

Leifi 2022b: LEIFIphysik, Elektromagnetische Wellen, 2022, https://www.leifiphysik.de/elektrizitaetslehre/elektromagnetische-wellen. Zugegriffen 15. April 2022

Leifi 2022c: LEIFIPhysik, Statistische Deutung (von Wahrscheinlichkeitswellen zu Quantenobjekten), 2022, https://www.leifiphysik.de/quantenphysik/quantenobjekt-elektron/grundwissen/statistische-deutung. Zugegriffen am 15. April 2022

't Hooft 2016: Gerard 't Hooft, The Cellular Automaton Interpretation of Quantum Mechanics, Springer Open, Heidelberg, 2016

Auflösungsgrenze und Fehlertoleranz 4

Wir haben bereits gesagt, dass jedes Modell eine von der Fragestellung vorgegebene Auflösungsgrenze besitzt. Das werden wir nun näher erläutern und die Konsequenzen beschreiben. Sobald wir eine Variable als relevant für eine Fragestellung ausgewählt haben, sollten wir uns fragen, in welchem Wertebereich sie sich verändern kann. Nehmen wir als Beispiel die Bevölkerungsentwicklung eines Kontinents als Funktion der Jahreszahl, wie wir es uns in Abschn. 3.1 angesehen haben. Dabei wird die Einwohnerzahl sicher bestenfalls exakt als eine natürliche Zahl zu einem bestimmten Stichtag im Jahr erfasst werden können. Durch Meldeverzögerungen wird man sicher besser daran tun, eine gröberes Fenster von vielleicht einer Woche zuzulassen und die Daten darin zu mitteln. Selbst wenn man die zeitliche Auflösung steigern könnte, könnte man die Genauigkeit sicher nicht unter die Dauer von Geburts- oder Sterbevorgängen drücken. Darunter verliert die Größe Einwohnerzahl schlicht ihre Bedeutung; sie ist für eine zeitliche Auflösung von z. B. Millisekunden gar nicht sinnvoll definiert. Auch ist eine Genauigkeit der Einwohnerzahl, die viele Millionen Menschen beinhaltet, auf die Unterscheidung einer Person nicht sinnvoll. Hier wird man die Genauigkeit höchstens so weit treiben, wie es die Schwankungen innerhalb des festgelegten Zeitrasters typischerweise vorgeben. Denn sonst würden Schwankungen aufgrund ungenauer Erfassungen mit echten zeitlichen Entwicklungen verwechselt. Oder nehmen wir das Beispiel einer Schaukel aus Abschn. 3.3. Die Lage einer Schaukel, die selber einige 10 cm ausgedehnt ist, würde bestenfalls durch ihren Schwerpunkt oder eine Markierung charakterisiert werden können, dessen Genauigkeit man im Bereich von Millimetern ansetzen würde. Keinesfalls ließe sich die Genauigkeit in Bereiche des Atomaren ausdehnen, denn da kann die Schaukel nicht mehr als starrer Körper idealisiert werden. Die zeitliche Auflösung muss natürlich feiner als die Schwingungsdauer

M. Janßen, *Mathematische Modellierung*, essentials,
https://doi.org/10.1007/978-3-662-65762-1_4

sein, denn diese gilt es ja zu reproduzieren in einem Modell. Aber eine z. B. über Laser gesteuerte Messeinrichtung kann die zeitliche Auflösung nicht weiter treiben als es die durch Markierung ausgelöste Stoppuhr zulässt. Die Schwankungen in der Position der Markierung einer beweglichen Schaukel führen zu einer Schwankung in den Messzeiten der Stoppuhr, die nicht von dem eigentlichen Schwingvorgang herrührt.

Auch bei dem Diffusionsproblem eines in ein Glas Wasser fallenden Tintentropfens aus Abschn. 3.4 ist die räumliche Auflösung sicher nicht auf subatomare Größenordnungen zu verfeinern, wo der Begriff Tinte als gelöste Pigmente oder Farbstoffe nicht mehr zutrifft. Die zeitliche Auflösung kann auch nur bestenfalls in die Größe der typischen Zeitdauer zwischen zwei Zusammenstößen von Molekülen verfeinert werden. Diese Zeitdauer zwischen zwei Zusammenstößen ist natürlich Schwankungen unterworfen, da es viele individuell verschieden verlaufende Zusammenstöße gibt. Für eine gewünschte Verfolgung einzelner Pigment-Spuren wäre eine detaillierte zeitliche Auflösung sinnvoll, aber für den zeitlichen Verlauf der Diffusion der Tintendichte ist sie ohne Belang.

Wenn Sie irgend ein anderes Beispiel heranziehen, werden sie feststellen, dass es immer eine Auflösungsgrenze einer Fragestellung hinsichtlich der Variablen und hinsichtlich der Zeit gibt, unterhalb der die Fragestellung ihren Sinn verliert, weil man entweder gar nicht mehr sinnvoll von der Variablen sprechen kann, oder weil sie schwankt aus anderen Gründen als die, die zur Fragestellung gehören. Das ist auch der Grund dafür, dass man jedes Problem, wie in Abschn. 3.5 behauptet, hinsichtlich der Variablen und der Zeitschritte als diskrete Größen auffassen kann und damit digitalisieren kann. Insbesondere folgt aber auch daraus, dass jeder Anfangszustand einer zeitlichen Entwicklung mit einer Unsicherheit aufgrund der Auflösungsgrenze behaftet ist.

4.1 Zusammenbruch der Fehlertoleranz und Chaos

Es stellt sich dann die Frage, was aus dieser anfänglichen Unsicherheit in der Folge der zeitlichen Entwicklung erwächst. Mit welcher Unsicherheit der in einem Modell berechneten Größen darf man auf lange Sicht rechnen? Diese Frage wird dann in einem Modell interessant, wenn es auf lange Sicht mehrere unterscheidbare zeitliche Entwicklungen gibt, die sich über kurze Zeiträume wie Zweige von einem Ast verzweigen. Dann kommt es gegebenenfalls auf die genaue Kenntnis des Anfangszustandes an, um zu sehen, welcher Zweig der möglichen Verzweigungen auf lange Sicht angenommen wird.

Als sinnvolles Kriterium hat sich gezeigt, dass ein System sich nicht mehr vorhersagbar (d. h. chaotisch) verhält, wenn die anfängliche Unsicherheit exponentiell (im Sinne des Abschn. 3.1) mit fortschreitender Zeit wächst.
Wir schauen uns dazu das zeitliche Verhalten in einem Modell mit diskreten Zeitschritten an, das mit dem zeitlich kontinuierlichen Modell des begrenzten Wachstums aus Abschn. 3.2 eng verwandt ist und auch zur Modellierung von Populationen mit begrenztem Wachstum verwendet wird (für Details siehe Wikipedia 2022b). Nun lautet die kleinschrittige Regel für eine relative Population x, die zwischen 0 und 100 % $= 1$ liegen kann, so:$x(t + 1) = r \cdot x(t)(1 - x(t))$. Hierbei ist der effektive Wachstumsfaktor r eine Zahl, die wir zwischen 0 und 4 wählen können, ohne dass die Variable den erlaubten Bereich zwischen 0 und 1 verlässt. Der begrenzende Faktor $(1 - x)$ hat diesmal der Einfachheit halber keinen zweiten Parameter. Wir schauen uns Beispiele von zeitlichen Entwicklungen an, die mit Berechnungen mit einem üblichen Tabellenkalkulationsprogramm für die ersten 200 Zeitschritte nach der obigen Regel der logistischen Gleichung durchgeführt wurden. Sie sind in den Abb. 4.1 bis 4.5 dargestellt.
Für die Parameterwerte $r = 0{,}5$; $2{,}5$; $3{,}1$; $3{,}5$ und $3{,}8$ vergleichen wir die zeitlichen Entwicklungen für jeweils zwei eng benachbarte anfängliche relative Populationen, nämlich 41 % und 42 %. Die anfängliche Unsicherheit beträgt daher 1 %. Im Falle $r = 0{,}5$(Abb. 4.1) stirbt die Population rasch aus, wie zu erwarten ist, wenn der Wachstumsfaktor unter 1 bleibt. Das Langzeitverhalten ist fehlertolerant, da es kaum Unterscheide macht, ob wir mit 41 % oder 42 % starten. Bei $r = 2{,}5$(Abb. 4.2) zeigt sich langfristig eine stabile Population von $x = 1 - 1/2{,}5 = 60$ %, ähnlich wie es unser kontinuierliches Modell in Abschn. 3.2 zeigte. Auch hier zeigt sich eine hohe Fehlertoleranz gegenüber anfänglichen Unsicherheiten. Ab $r = 3$ treten neue und überraschende Phänomene in dem diskreten Modell auf. Für $r = 3{,}1$ sehen wir in Abb. 4.3, dass es zu einer permanenten Oszillation zwischen zwei Zuständen kommt und für $r = 3{,}5$ zu einer Oszillation zwischen 4 Zuständen (Abb. 4.4). Selbst im letzten Fall ist noch eine hohe Fehlertoleranz gegeben auf lange Sicht. Anfängliche Unterschiede spielen keine große Rolle trotz des sehr stark variierenden zeitlichen Verlaufs. Das ändert sich, sobald man den Parameter r größer als etwa 3,57 wählt. Dann wird das zeitliche Verhalten zusehends unvorhersehbar und die Fehlertoleranz gegen anfängliche Unsicherheiten bricht zusammen. Das ist sehr gut in der Abb. 4.5 für $r = 3{,}8$ zu sehen. Eine Abweichung von 1 % in der anfänglichen Population führt zu gänzlich anderem zeitlichen Verhalten im weiteren Verlauf.
Wir sehen also, dass es Systeme mit empfindlicher Abhängigkeit von Parametern gibt, die plötzlich einsetzendes chaotisches Verhalten zeigen. Natürlich hat man das inzwischen an vielen Modellsystemen untersucht

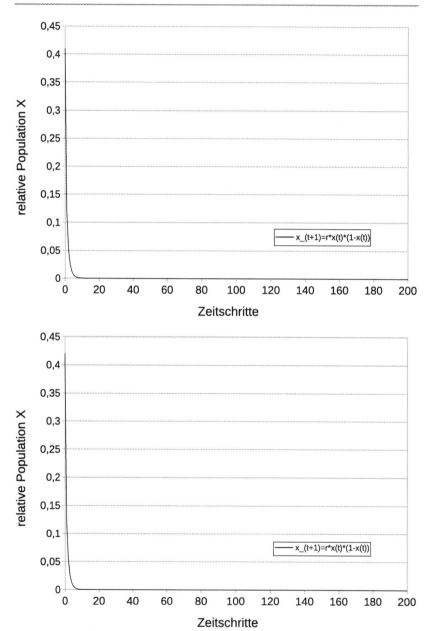

Abb. 4.1 Der zeitliche Verlauf der relativen Population für $r = 0{,}5$. Im oberen Teil ist der Startwert 41 % und im unteren Teil ist der Startwert 42 %. Beide Verläufe zeigen ein Aussterben der Population ohne nennenswerte Unterschiede im Verlauf

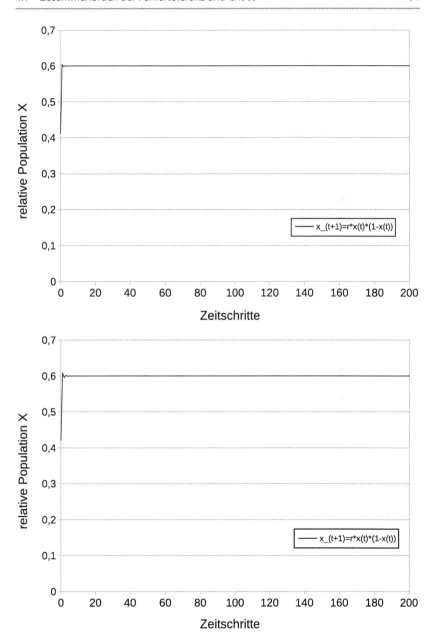

Abb. 4.2 Der zeitliche Verlauf der relativen Population für r = 2,5. Im oberen Teil ist der Startwert 41 % und im unteren Teil ist der Startwert 42 %. Beide Verläufe zeigen ein Erreichen des stabilen Wertes von 60 % ohne nennenswerte Unterschiede im Verlauf

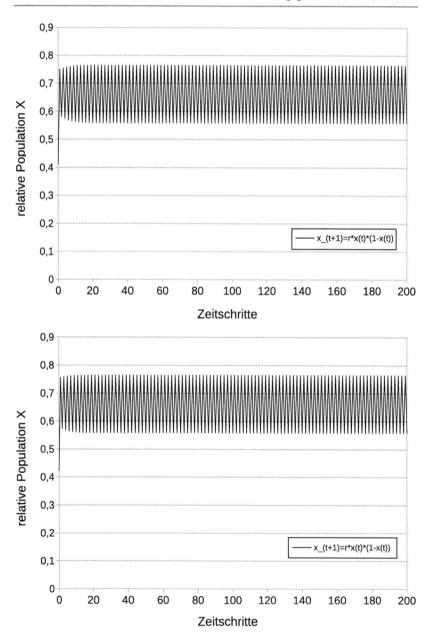

Abb. 4.3 Der zeitliche Verlauf der relativen Population für $r = 3,1$. Im oberen Teil ist der Startwert 41 % und im unteren Teil ist der Startwert 42 %. Beide Verläufe zeigen ein Oszillieren zwischen zwei Werten ohne nennenswerte Unterschiede im Verlauf

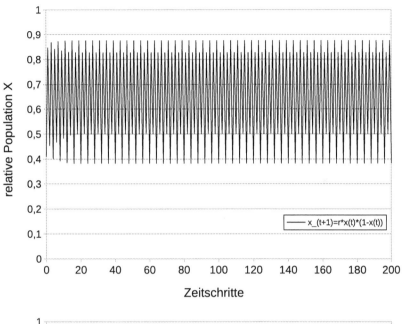

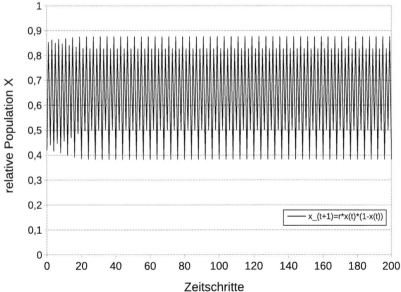

Abb. 4.4 Der zeitliche Verlauf der relativen Population für r = 3,5. Im oberen Teil ist der Startwert 41 % und im unteren Teil ist der Startwert 42 %. Sie zeigen ein Oszillieren zwischen vier Werten ohne nennenswerte Unterschiede im langfristigen Verlauf

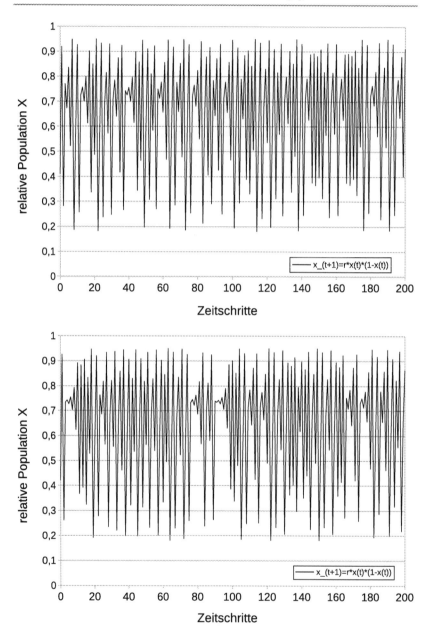

Abb. 4.5 Der zeitliche Verlauf der relativen Population für r = 3,8. Im oberen Teil ist der Startwert 41 % und im unteren Teil ist der Startwert 42 %. Sie zeigen ein „chaotisches" Verhalten mit deutlichen Unterschieden im zeitlichen Verlauf

(siehe z. B. Eckhardt 2015). Solches Verhalten macht dann eine langfristige individuelle Berechnung im Voraus unmöglich.

4.2 Stochastische Modelle helfen weiter

Wenn man bei einer Verzweigung aufgrund der vorhandenen Fehlertoleranz nicht mehr exakt vorhersagen kann, welche Entwicklung folgen wird, kann man versuchen, die Wahrscheinlichkeiten von Entwicklungen zu ermitteln. Dann wird aus einem deterministischem Modell mit eindeutiger kleinschrittiger Regel für die Variable x ein stochastisches Modell mit einer kleinschrittigen Regel für die Wahrscheinlichkeitsdichte $p(x, t)$ und die Wahrscheinlichkeitsstromdichte $j(x, t)$. Das haben wir schon gesehen im Abschn. 3.4 beim Übergang von der Wanderung der Variable x, die als determinierter Prozess mit unbekannten zufälligen Stößen zu einem stochastischen Prozess wird und deren Wahrscheinlichkeitsdichte schließlich der Diffusionsgleichung genügt. Hier schauen wir unter dem Aspekt der Verzweigung auf diesen Übergang zu einer stochastischen Beschreibung. Es gibt dabei zwei verschiedene Versionen, wie man zu einer stochastischen Beschreibung kommen kann: Eine zeitliche Entwicklung mit *Übergangswahrscheinlichkeiten* oder eine zeitliche Entwicklung mit *interferierenden Strömungen*. Diese beiden unterschiedlichen Betrachtungsweisen seien an zwei dazu passenden Beispielen erläutert mit jeweils einer einfachen Verzweigung in zwei mögliche Wegverläufe wie sie in Abb. 4.6 dargestellt ist.

Für das erste Beispiel denken sie an das Spiel des *Torwandschießens*. Ein Ball kann durch zwei Löcher in einer Torwand geschossen werden. Der Abstoß erfolgt vom Ort x aus. Hinter der Torwand steht ein Auffangbehälter bei x', in den der Ball dann hinein fällt, wenn er durch eines der beiden Löcher bei a bzw. bei b trifft und dabei an den Kanten des Loches zufällig passend abgelenkt wird. Nehmen wir an, wir haben ermittelt, dass der Ball bei einem Schützen mit der Übergangswahrscheinlichkeit $p_x(a) = 20\,\%$ nach a gelangt, wenn er bei x abgestoßen wurde und mit einer Übergangswahrscheinlichkeit $p_x(b) = 10\,\%$ nach b gelangt, wenn er bei x abgestoßen wurde. Ferner werde der Ball mit einer Übergangswahrscheinlichkeit $p_a(x') = 5\,\%$ beim Korb x' ankommen, wenn er durch das Loch bei a kam und mit einer Übergangswahrscheinlichkeit $p_b(x') = 6\,\%$ beim Korb x' ankommen, wenn er durch das Loch bei b kam. Die gesuchte Übergangswahrscheinlichkeit $p_x(x')$ nach x' zu gelangen, wenn bei x abgestoßen wurde, ergibt sich nach den sogenannten Pfadregeln für mehrstufige Zufallsversuche, wie man sie in der Mittelstufe von Schulen lernt:

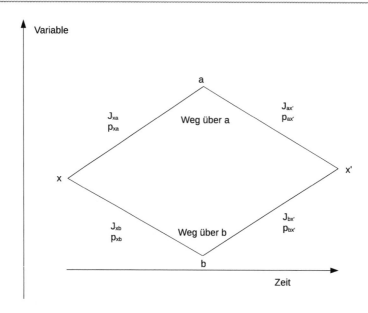

Abb. 4.6 Verzweigung in zwei Wegverläufe von x nach x' über den Zwischenwert a bzw. den Zwischenwert b. Gesucht ist die Wahrscheinlichkeit von x nach x' zu kommen über die beiden möglichen Zwischenwerte a bzw. b. Dazu gibt es zwei Verfahren: Eine kleinschrittige Regel mit Übergangswahrscheinlichkeiten (Markov-Prozesse) bzw. eine kleinschrittige Regel für Übergangsamplituden (Quanten-Prozesse). Letztere beschreibt umkehrbare Prozesse mit Interferenz, erstere unumkehrbare Prozesse mit Überlagerung

Bilde das Produkt der Übergangswahrscheinlichkeiten entlang der Wege und anschließend die Summe über die beteiligten Pfade.

In   unserem   Fall   heißt   das:

$$p_x(x') = p_x(a) \cdot p_a(x') + p_x(b) \cdot p_b(x') = 0{,}2 \cdot 0{,}05 + 0{,}1 \cdot 0{,}06 = 1{,}6 \,\%.$$

Wenn man so für Prozesse die Übergangswahrscheinlichkeiten als Regel nur für einen kleinen zeitlichen Schritt ermittelt, kann man durch Hintereinanderausführung die zeitliche Entwicklung des ganzen Prozesses berechnen. Solche Prozesse werden Markov-Prozesse genannt und wenn die kleinschrittige Regel als Differentialgleichung in der Zeit formuliert wird, wird sie als Master-Gleichung bezeichnet. Die Diffusions-Gleichung aus Abschn. 3.4 ist ein prominentes Beispiel einer solchen Master-Gleichung.

Eine grundsätzliche Voraussetzung dieser Vorgehensweise als Markov-Prozess ist, dass solche Prozesse unumkehrbar sind: Die zeitliche Entwicklung fließt in eine bestimmte Richtung, nämlich in Richtung einer größeren Verteilung der Wahrscheinlichkeit über die möglichen Werte der Variablen x. Bei der Diffusion ist das am Fickschen Gesetz erkennbar und in der Abb. 3.9 sichtbar. Die Strömung baut Dichteunterschiede weiter ab. Im Beispiel des Torwandschießens ist es sicher ausgeschlossen, dass der Ball, der im Korb bei x' landet, mit der gleichen Wahrscheinlichkeit wieder bei x zurückkommt, mit der er von x zu x' gelangt ist. Er hat seine Energie ja bereits unterwegs und schließlich am Ende an die Umgebung verteilt und es ist ausgeschlossen, dass diese Energie gerade so gerichtet in ihn zurückfließt, dass sich sein Weg exakt umkehrt. Im Fall des Torwandschießens ist die Vorgehensweise über Markov-Prozesse daher völlig angemessen.

Die Vorgehensweise mit Übergangswahrscheinlichkeiten auf Teilabschnitten des Weges ist aber dann unangemessen, wenn auf den Teilabschnitten keine Wechselwirkung stattfindet, die die Umkehrbarkeit des Prozesses verhindert. Dann muss man einen stochastischen Zugang wählen, der den Prozess als umkehrbar behandelt. Das ist in unserem zweiten Beispiel der Fall:

Laserlicht von einer Quelle bei x wird *durch einen* Doppelspalt mit Spalten bei a bzw. b gesendet und bei einem Detektor bei x' hinter dem Doppelspalt registriert. Licht wird dabei in Portionen, den Photonen, durch die Spalte geschickt, aber solange man die Information des Weges zwischendurch nicht abgreift, womit man den Prozess schon zwischenzeitlich unumkehrbar gemacht hätte, solange ist der Wahrscheinlichkeitsfluss der Photonen wellenartig und es kommt zur Interferenz am Detektor: Je nach Lage x' des Detektors werden sehr viele Photonen oder sogar gar keine Photonen registriert. Auf einem breiten Schirm hinter dem Doppelspalt könnte man ein Streifenmuster von hellen und dunklen Streifen entdecken, was als Interferenzmuster bezeichnet wird.

Auch für solche auf den Zwischenschritten noch umkehrbaren Prozesse hat man eine Regel gefunden, die auf dem Konzept der Übergangsamplitude $A(x, a)$ beruht für den Teilweg von x nach a. Die Übergangsamplitude ist eine wellenförmig verlaufenden Größe, deren nicht-negatives Quadrat erst eine Übergangswahrscheinlichkeit festlegt. Diese ist nun umkehrbar: $A^2(x, a) = A^2(a, x)$. Die Übergangsamplitude fasst in cleverer Weise die Wahrscheinlichkeitsdichte und ihre Stromdichte zusammen unter automatischer Sicherstellung der Kontinuitätsgleichung (siehe Abschn. 3.4) zwischen beiden. Die Regel für die Schritte des Prozesses lautet dann so:

Bilde das Produkt der Übergangsamplituden entlang der Wege und anschließend die Summe über die beteiligten Pfade und quadriere anschließend das Ergebnis.

Damit kann es z. B. zu sogenannter destruktiver Interferenz kommen, wie folgende Beispielrechnung zeigt, wenn $A(x,a) = -0,4$ und $A(a,x') = 0,5$ sowie $A(x,b) = 0,4$ und $A(b,x') = 0,5$ ist. Dann ergibt sich die Übergangswahrscheinlichkeit $p_x(x')$ nach der obigen Regel zu $p_x(x') = (-0,4 \cdot 0,5 + 0,4 \cdot 0,5)^2 = 0^2 = 0$. In diesem Fall herrscht am Detektor Dunkelheit.

Im Falle von Prozessen, die noch als umkehrbar auf den Teilabschnitten betrachtet werden können, wendet man als kleinschrittige Regel das obige Verfahren mit interferierenden Strömungen an, die durch Übergangsamplituden beschrieben werden. Solche Prozesse heißen Quanten-Prozesse, ihre kleinschrittige Regel als Differentialgleichung ist die sogenannte *Schrödingergleichung*. Die Prozesse werden hier als Quanten-Prozesse benannt, da sie der gängigen Betrachtungsweise von Prozessen in der Quantentheorie als Teilgebiet der theoretischen Physik entsprechen. Aus der Betrachtungsweise dieses Buches ist die Quantentheorie aber nur eine Weise der Modellierung von Prozessen. Sie ist immer dann angemessen, wenn die Prozesse auf den Teilabschnitten als umkehrbar betrachtet werden können. Ihr Erkennungszeichen ist die Möglichkeit zur Interferenz und die wellenförmige Ausbreitung von Wahrscheinlichkeitsströmungen.

4.3   Umkehrbarkeit und Unumkehrbarkeit

Aus unserem Alltag wissen wir, dass die Umkehrbarkeit von Prozessen nie exakt vorliegt. Selbst ein sehr reibungsarm gelagertes Pendel kommt irgendwann zur Ruhe. Einen aufgenommenen Film davon, den man rückwärts abspielt, würde man nicht als solchen erkennen, wenn man ihn sich nicht ganz anschaut, sondern nur einen zwischenzeitlichen Ausschnitt. Sieht man ihn als Ganzes, bemerkt man es aber direkt, da das Pendel aus der Ruhe plötzlich anfinge langsam zu schwingen, ohne dass es angestoßen wird. Daher ist es zwar eine Illusion, die Pendelbewegung als umkehrbar zu behandeln (ohne Reibung), aber eine sehr nützliche, denn sie vereinfacht die Betrachtungsweise und lenkt den Blick auf das Wesentliche der Bewegung, den periodischen Verlauf von Hin- und Herbewegungen. Ähnlich verfahren wir bei genäherten Berechnungen von Planetenbewegungen um die Sonne, wenn wir annehmen, dass ihre gemeinsame Energie nicht an andere Mitspieler im Sonnensystem verteilt wird. Wir fokussieren damit auf das Wesentliche, den periodischen Verlauf. Erst wenn wir die Genauigkeit steigern wollen, werden wir weitere Mitspieler mit einbeziehen. Dadurch wird der Berechnungsaufwand aber deutlich größer.

Bei anderen Vorgängen wie der Diffusion von Tinte in Wasser oder dem Knüllen eines Blattes Papier ist die Unumkehrbarkeit sofort ersichtlich und ein rückwärts ablaufender Film der Vorgänge würde sofort als solcher erkannt werden an der Unmöglichkeit der gezeigten Reihenfolgen. Für solche Vorgänge sollte die Unumkehrbarkeit einen wesentlichen Bestandteil der Modellierung ausmachen und man hat daher bei der Modellierung darauf zu achten, ob die kleinschrittige Regel Umkehrbarkeit oder Unumkehrbarkeit bereits beinhaltet. Beim schwingenden Pendel (Abschn. 3.3) war die Regel umkehrbar, weil die Differentialgleichung mittels der Beschleunigung eine zeitliche Umkehrung erlaubt. Das Vorzeichen der Zeit geht nicht in die Gleichung ein, da es bei der Beschleunigung als Änderungsrate zweiter Ordnung zweifach als Faktor vorkäme und sich das aufheben würde. Anders war das bei Wachstum und Zerfall (Abschn. 3.1). Da handelte es sich um Differentialgleichungen mit Änderungsraten erster Ordnung. Eine zeitliche Umkehrung würde Wachstum in Zerfall wandeln und umgekehrt.

Wir halten also fest, dass man bei der Modellierung auf qualitative Unterschiede schon bei der Aufstellung der kleinschrittigen Regeln achten muss. Man sollte unterscheiden, ob die Regel umkehrbar angelegt werden sollte wie bei Schwingungen und Wellen, oder unumkehrbar wie bei Wachstum, Zerfall und Diffusion. Weiterhin müssen wir uns zuvor klar werden, ob wir einen deterministischen Prozess direkt für die relevanten Variablen beschreiben können, oder ob wir besser zu stochastischen Methoden greifen, weil es Verzweigungen von Möglichkeiten gibt, deren eindeutige Wahl uns innerhalb der möglichen Fehlertoleranz nicht gelingen kann.

Es ist interessant, dass man auch Modelle bilden kann, die den Übergang von einer Beschreibung mit umkehrbaren Regeln für viele Variablen zu einer Beschreibung mit unumkehrbaren Regeln für einige wenige relevante Variablen nachvollziehen lassen (Janßen 2016 Abschn. 5.4.2). Die wenigen relevanten Variablen (zum Beispiel die Lagekoordinate einer Fallschirmspringerin) bilden die Variable des eigentlich interessierenden Systems und die vielen anderen Variablen (zum Beispiel die Luftmoleküle der umgebenden Luft und die Haut des Fallschirms) bilden eine Umgebung. Die Unumkehrbarkeit der kleinschrittigen Regel für die Fallschirmspringerin (ein Reibungsterm tritt auf) entsteht durch das Mitteln des Einflusses der Umgebungsvariablen auf die Lagekoordinate der Fallschirmspringerin. Mit anderen Worten:

Die Umkehrbarkeit eines Systems ist instabil gegen Kontakt mit der Umgebung. Der Grad der Unumkehrbarkeit kann dabei von „vernachlässigbar" bis „wesentlich" reichen.

Indikatoren für Unumkehrbarkeit sind: Schwingungsausschläge werden stark gedämpft und/oder das System gelangt rasch in einen unveränderlichen Zustand. So fällt die Fallschirmspringerin nach dem Öffnen des Fallschirms nicht mehr beschleunigt zu Boden, sondern mit einer nahezu konstanten Geschwindigkeit. Eine Modellierung muss diesen Aspekt schon in der kleinschrittigen Regel erfassen.

Literatur

Janßen 2016: Martin Janßen, Generated Dynamics of Markov and Quantum Processes, Springer, Berlin, 2016

Wikipedia 2022b: Wikipedia, Logistische Gleichung, 2022b, https://de.wikipedia.org/wiki/Logistische_Gleichung

Eckhardt 2015: Bruno Eckhardt, Chaos, Fischer, Frankfurt, 2015

Verzweigungen von Modellen

5

Im letzten Abschn. 4.3 des vorausgegangenen Kapitels haben wir schon ein Phänomen gestreift, das man mit dem Slogan „*More is different*" des Physikers Philip (Anderson 1972) gut umreißen kann. In einem System, das sich aus einer sehr großen Zahl von konstituierenden Objekten zusammensetzt, die miteinander agieren nach kleinschrittigen Regeln, bilden sich neue kollektive Objekte mit eigenen kleinschrittigen Regeln. Die neuen kollektiven Objekte gibt es oft auf der unteren Ebene der sie konstituierenden Objekte gar nicht. Insofern könnte man sie illusorisch nennen, aber das wäre irreführend, denn sie agieren selbstständig nach eigenen Regeln und verkörpern gerade das neue Ganze des Kollektivs. Ein gutes Beispiel für so ein „More is different" Phänomen ist der Begriff der Temperatur eines Körpers. Temperatur ist etwas ganz reales für uns, denn unsere Sinne melden uns zurück, ob eine Tasse Tee kalt oder heiß ist. Wenn man sich aber klar macht, dass die Temperatur kein eigener Stoff ist, sondern auf der kollektiven Verteilung der Energien einzelner Moleküle beruht und ein einzelnes Molekül zwar eine Energie hat, aber keine Temperatur besitzt, so wird klar, dass es die kollektive Verteilung selber ist, auf die es ankommt. In der statistischen Physik erfährt man, dass die Temperatur die Änderungsrate des Energiegehaltes des Körpers im Hinblick auf die Verteiltheit der Energie auf viele Zustände ist.

Hier findet also ein *Qualitätssprung vom Einzelnen zum Kollektiv statt.*

Im vorigen Abschn. 4.3 hatten wir bereits erwähnt, dass der Qualitätssprung von einer umkehrbaren Bewegung sehr vieler Variablen zu einer effektiven unumkehrbaren Bewegung einzelner kollektiver Variablen von diesem Typ ist.

Im Abschn. 3.4 haben wir gesehen, dass es sinnvoll ist, von vielen einzelnen Variablen für die Lage von Teilchen, die durch determinierte aber schwer vorhersehbare Stöße auseinander getrieben werden, zu einer kollektiven Variable überzugehen, zu der Wahrscheinlichkeitsdichte ein Teilchen an einem Ort anzutreffen

M. Janßen, *Mathematische Modellierung*, essentials, https://doi.org/10.1007/978-3-662-65762-1_5

und zu ihrer zugehörigen Wahrscheinlichkeitsstromdichte. In der Modellierung findet dabei ein Qualitätssprung von einem ursprünglich deterministischen zu einem stochastischen Modell statt. Bei der Diffusion war das Verbreitern der Wahrscheinlichkeitsdichte der dominante Effekt.

Es gibt aber natürlich auch andere Fälle, wo die Wahrscheinlichkeitsdichte durch starke Bindungen der konstituierenden Objekte während der zeitlichen Entwicklung nicht stark auseinander läuft und das kollektive Objekt eine *Bewegung als Ganzes* vollzieht. Das ist zum Beispiel beim Werfen eines Balles der Fall. Dieser besteht sicherlich aus einer gigantischen Zahl von Molekülen, die aber alle fest aneinander gebunden sind (von mikroskopischen Schwankungen abgesehen), und seinen Flug im Schwerefeld der Erde können wir sinnvoll als deterministische Bewegung einer relevanten Variablen (z. B. seines Schwerpunktes) beschreiben. In der Näherung als umkehrbare Bewegung ohne Reibungseinflüsse würden wir die kleinschrittige Regel einer konstanten Erdbeschleunigung verwenden. Es wäre natürlich absurd, für den Wurf eines Balles die mikroskopisch schwankende Dichte als Variable zu verwenden an Stelle des Schwerpunktes und es wäre noch absurder, die Variablen aller seiner Moleküle zu verwenden in Interaktion mit dem Schwerefeld, miteinander und mit umgebenden anderen Variablen.

Wir sehen also, dass es sinnvolle Verzweigungen mit Qualitätssprüngen in der mathematischen Modellierung gibt. Wir dürfen uns sogar vorstellen, dass es hinter all unseren Modellen eine Verfeinerung geben könnte, die vollkommen deterministisch und umkehrbar für maximal aufgelöste digitalisierte Zustände als Vertauschungsdynamik (Abschn. 3.5) vorliegt. Auf Grund der Effekte des „More is different" ist eine solche Verfeinerung denkbar, aber praktisch gar nicht hilfreich – man würde den Wald vor lauter Bäumen nicht sehen und die sich eigenständig herausbildenden Regeln auf der Ebene des kollektiven Ganzen gerade verpassen. Dennoch ist dem Autor die grundsätzliche Möglichkeit einer Vertauschungsdynamik als Basismodell sympathisch, um z. B. kruden Interpretationen der Quantentheorie zu begegnen, die fälschlich instantanen Fernwirkungen und Bilokationen von Objekten das Wort reden.

In der Abb. 5.1 sind die Verzweigungen von Modellierungen mit Qualitätssprüngen dargestellt.

Ein weiterer Aspekt des „More is different" betrifft die Beobachtung, dass die akademischen Wissenschaften den Aufbau unserer Welt ebenfalls als verzweigt und evolvierend darstellen. Es kommt beim Aufbau der Welt aus den elementarsten Bausteinen, die wir heute erkennen können, den sogenannten Elementarteilchen, immer wieder zu neuen Ebenen mit eigenen kollektiven

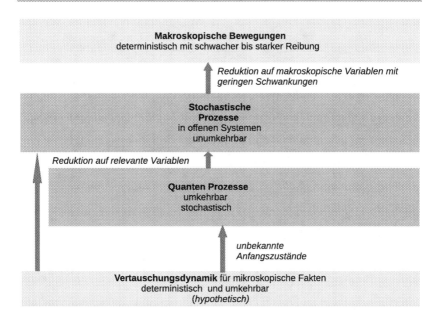

Abb. 5.1 Verzweigung von Modellierungen durch Kollektivierung und Reduktion der Variablen. Als hypothetisches Basismodell dient eine Vertauschungsdynamik für digitalisierte höchst aufgelöste Zustände (Fakten). Da die Anfangszustände nicht genau bekannt sind, wird über mögliche Anfangszustände gemittelt. Dadurch wird von den Fakten zu einer kollektiven Wahrscheinlichkeitsströmung übergegangen. Die Umkehrbarkeit des Basismodells bleibt erhalten und es entsteht eine Modellierung als Quanten-Prozess. Reduziert man weiter auf relevante kollektive Variablen und betrachtet den Rest als „Umgebung", so wird die Umkehrbarkeit gebrochen und es wird sich eine Modellierung als stochastischer Prozess für eine Wahrscheinlichkeitsdichte der relevanten Variablen ergeben. Schließlich kann eine weitere Reduktion auf eine makroskopische Variable sinnvoll werden, wie es z. B. der Schwerpunkt eines festen Körpers ist. Ist dieser arm an Schwankungen, kann eine makroskopische Modellierung mit deterministischen Bewegungen resultieren

Objekten und eigenen kleinschrittigen Regeln, die eine Modellierung zu erfassen versucht.

In der Abb. 5.2 ist das dargestellt. Dabei sind in jeder Ebene die Objekte fett hervorgehoben, die zugehörigen wissenschaftlichen Fachrichtungen in Klammern darunter gesetzt und schließlich beispielhafte Modellsysteme benannt, die für die Ebene entwickelt wurden.

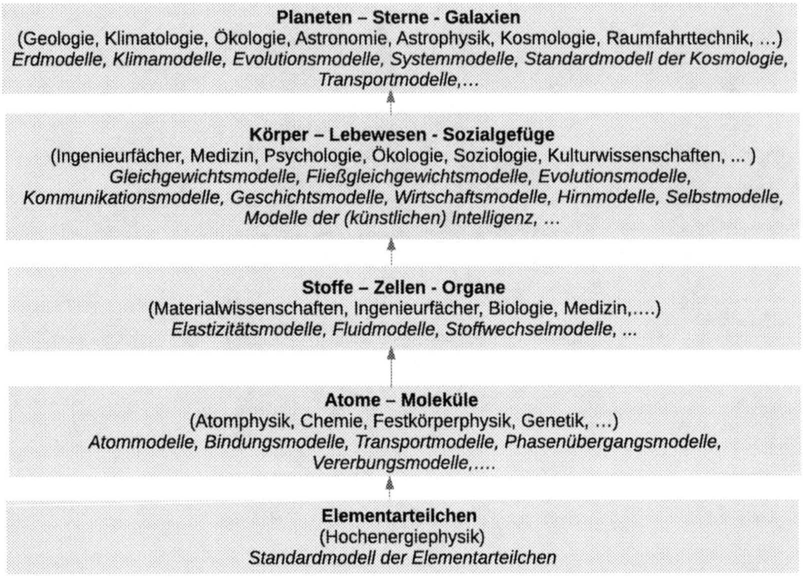

Planeten – Sterne - Galaxien
(Geologie, Klimatologie, Ökologie, Astronomie, Astrophysik, Kosmologie, Raumfahrttechnik, …)
Erdmodelle, Klimamodelle, Evolutionsmodelle, Systemmodelle, Standardmodell der Kosmologie, Transportmodelle,…

Körper – Lebewesen - Sozialgefüge
(Ingenieurfächer, Medizin, Psychologie, Ökologie, Soziologie, Kulturwissenschaften, …)
Gleichgewichtsmodelle, Fließgleichgewichtsmodelle, Evolutionsmodelle, Kommunikationsmodelle, Geschichtsmodelle, Wirtschaftsmodelle, Hirnmodelle, Selbstmodelle, Modelle der (künstlichen) Intelligenz, …

Stoffe – Zellen - Organe
(Materialwissenschaften, Ingenieurfächer, Biologie, Medizin,….)
Elastizitätsmodelle, Fluidmodelle, Stoffwechselmodelle, …

Atome – Moleküle
(Atomphysik, Chemie, Festkörperphysik, Genetik, …)
Atommodelle, Bindungsmodelle, Transportmodelle, Phasenübergangsmodelle, Vererbungsmodelle,….

Elementarteilchen
(Hochenergiephysik)
Standardmodell der Elementarteilchen

Abb. 5.2 Verzweigter Aufbau von wissenschaftlichen Fachgebieten und Modellsystemen als Folge des verzweigten Aufbaus der Welt aus vielen interagierenden Objekten („More is Different"). Der Aufbau der Welt in Ebenen, die durch Herausbildung neuer Strukturen auf der Grundlage der darunter befindlichen Ebene entstehen. Viele Objekte der unteren Ebene wechselwirken nach kleinschrittigen Regeln und es bilden sich auf Grund der Fülle neue wahrnehmbare Objekte mit eigenständigen kleinschrittigen Regeln der darüber liegenden Ebene heraus. Dabei wird auf Details der unteren Ebene verzichtet, die für die obere Ebene nicht relevant sind. Die untere Ebene ist daher aus den Objekten und eigenständigen Regeln der oberen Ebene in der Regel nicht mehr eindeutig reproduzierbar

In dieser Betrachtungsweise spielt der Mensch und sein Selbst keine Ausnahme, sondern ist ein Teil der natürlichen *Evolution.* So kann sein Selbst auch plausibel als kollektive Variable der Konstituenten und Interaktionen seines Gehirns gedeutet werden. Entsprechende Selbstmodelle findet man z. B. bei (Metzinger 2014).

Wir haben versucht, die mathematische Modellierung als erlernbare Kulturtechnik darzustellen mit einem unbegrenzten Anwendungsgebiet. Zum Schluss möchte ich dazu zwei naheliegende Fragen erörtern, deren Beantwortung aus dem Vorangehenden hoffentlich schlüssig klingt.

Kann mathematische Modellierung auch von künstlicher Intelligenz durchgeführt werden?

Aus Sicht des Autors spricht nichts dagegen, denn die mathematische Modellierung erfolgt nach klaren Rezepten: Auffinden der relevanten Variablen und Herausarbeiten der kleinschrittigen Regel. Dazu ist Erfahrung sicher hilfreich, aber auch künstliche Intelligenz wird gerade auf Lernfähigkeit optimiert. Wir müssen also damit rechnen, dass auch künstliche Intelligenz zunehmend mathematische Modelle erstellt, die als Planungsgrundlage uns betreffender Entscheidungen herangezogen werden. Genau wie bei von Menschen erstellten Modellen benötigen wir zur Beurteilung ihrer Tragfähigkeit Transparenz der Voraussetzungen (Variablen und angenommene Regeln). Davon sollten wir uns nicht abbringen lassen, denn sonst werden wir unsere Autonomie und Mündigkeit sehr rasch verlieren im Dickicht der Algorithmen.

Kann man mathematische Modellierung immer weiter verfeinern?

Die Antwort ist ein Nein. Es gibt zu jeder Fragestellung eine sinnvolle Auflösungsgrenze der Werte der relevanten Variablen und der zugrunde liegenden Zeitschritte. Unterhalb dieser Auflösungsgrenze verlieren die Begriffe ihren Sinn. Deshalb werden berechnete Größen immer mit einer Unsicherheit leben müssen. Die Fehlertoleranz kann zusammen brechen, wenn die anfängliche Unsicherheit sich exponentiell vergrößert, was bei komplexen Systemen mit Rückkopplungen wie bei der logistischen Gleichung von Abschn. 4.1 eher die Regel als die Ausnahme ist. Das Verhalten wird dann auf lange Sicht unausweichlich unvorhersehbar. Das ist zum Beispiel bei Wettervorhersagen für einzelne Städte nach wenigen Tagen der Fall, während Vorhersagen für das gesamte über jeweils 30 Jahre gleitend gemittelte Weltklima mit einer akzeptablen Fehlertoleranz über Jahre hinaus möglich ist und die Vorhersage der Leuchtkraft unserer Sonne sogar über viele hundert Millionen Jahre möglich ist. Es ist auch davon auszugehen, dass es bedeutende Fortschritte der Verfeinerung von Modellen geben wird, bei denen die intrinsische Auflösungsgrenze noch nicht erreicht wurde. Wir müssen also in den kommenden Jahren eher mit mehr als mit weniger mathematischer Modellierung und einhergehender Beeinflussung unseres Lebens rechnen.

Literatur

Anderson 1972: Philip Warren Anderson, More is different, 177, 393, 1972, https://science. sciencemag.org/content/177/4047/393/tab-pdf

Metzinger 2014: Thomas Metzinger, Der Ego-Tunnel, Piper, München, 2014

Was Sie aus diesem *essential* mitnehmen können

- Mathematische Modellierung ist eine erlernbare Kulturtechnik, die auch von künstlicher Intelligenz genutzt werden kann als Planungsgrundlage von Entscheidungen.
- Mathematische Modelle verzweigen qualitativ in Modelle mit umkehrbaren bzw. unumkehrbaren kleinschrittigen Regeln und deterministischem bzw. stochastischem Charakter. Als Basismodell ist ein digitalisiertes Modell mit deterministischer und umkehrbarer Vertauschungsdynamik denkbar.
- Es gibt etablierte prototypische Modelle, von denen man sich bei der eigenen Modellierung sinnvoll bedienen kann und sie kombinieren kann.
- Modelle haben intrinsische Auflösungsgrenzen und deshalb bricht auf berechenbare Weise irgendwann bei jedem Modell die Fehlertoleranz zusammen; bei dem einen sehr früh, bei anderen extrem spät.
- Mathematische Modellierung wird zunehmend unseren Alltag mitbestimmen. Transparenz der gemachten Annahmen ist für eine Beurteilung unerlässlich. Dann ist eine Beurteilung aber auch jeder Person möglich.

© Der/die Herausgeber bzw. der/die Autor(en), exklusiv lizenziert an Springer-Verlag GmbH, DE, ein Teil von Springer Nature 2022
M. Janßen, *Mathematische Modellierung,* essentials,
https://doi.org/10.1007/978-3-662-65762-1

Stichwortverzeichnis

© Der/die Herausgeber bzw. der/die Autor(en), exklusiv lizenziert an Springer-Verlag GmbH, DE, ein Teil von Springer Nature 2022
M. Janßen, *Mathematische Modellierung*, essentials,
https://doi.org/10.1007/978-3-662-65762-1

Printed in the United States
by Baker & Taylor Publisher Services